矿产地质勘查研究

毕颖出 程增晴 著

延边大学出版社

图书在版编目(CIP) 数据

矿产地质勘查研究 / 毕颖出,程增晴著. — 延吉:
延边大学出版社, 2017. 6
ISBN 978-7-5688-2983-0

Ⅰ. ①矿… Ⅱ. ①毕… ②程… Ⅲ. ①矿产资源-地
质勘探-研究 Ⅳ. ①P624

中国版本图书馆 CIP 数据核字(2017) 第 146302 号

矿产地质勘查研究

著　　者	毕颖出　程增晴　著	
责任编辑	田莲花	
装帧设计	中图时代	
出版发行	延边大学出版社	
地　　址	吉林省延吉市公园路 977 号, 133002	
网　　址	http://www.ydcbs.com	
电子邮箱	ydcbs@ydcbs.com	
电　　话	0433-2732435　0433-2732434(传真)	
印　　刷	廊坊市海涛印刷有限公司	
开　　本	710 mm×1000 mm　1/16	
印　　张	11.75	
字　　数	240 千字	
版　　次	2017 年 6 月第 1 版	
印　　次	2022 年 8 月第 2 次	
书　　号	ISBN 978-7-5688-2983-0	
定　　价	45.00 元	

目 录

第1章 遥感地质及矿产地质填图

1.1 遥感技术

1.1.1 遥感技术的基本原理

遥感(remote sensing)是利用诸如常规的照相机或利用对可见光及可见光区域之外的电磁辐射敏感的电子扫描仪获取影像用于分析的技术。换句话说,遥感是通过测量反射或发射电磁辐射以获得地球表面特征的技术。它能使我们识别主要的区域或局部地形特征以及地质关系,有助于发现有矿产潜力的地区。安装在卫星上的遥感仪器扫描地球表面并测量反射太阳的辐射或地表发射的辐射(图1-1),通常波长范围为 0.3~3μm,这些波长范围跨越了从超紫外线、可见红外线到微波雷达光谱。由传感器从远距离接收和记录目标物所反射的太阳辐射电磁波及物体自身发射的电磁波(主要是热辐射)的遥感系统称为被动遥感。另一方面,测量由飞行器本身发射出的辐射在地球表面的反射,这类方法称为主动遥感方法(有时又称为遥测);其主要优点是不依赖太阳辐射,可以昼夜工作,而且可以根据探测目的的不同,主动选择电磁波的波长和发射方式。

一般利用各种合成方式构建多光谱影像或颜色合成影像。我们把遥感影像中的每一种颜色称为一个光谱波段(spectral band),每个波段调到电磁波辐射波长的一个窄波段(即"颜色"),遥感技术可以探测到少至一个、多至 200 个以上的波段。

由于不同的岩石类型在不同的光谱范围内具有不同的反射辐射特征,所以,根据遥感信息我们能对一个地区做出初步的地质解释,一些与矿床关系密切的地质特征提供了能够用遥感探测到的强信号。例如,与

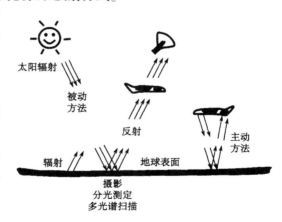

图 1-1　遥感的主动方法和被动方法示意图

热液蚀变有关的褪色岩石和与斑岩铜矿氧化带有关的红色铁帽,或者是可能赋存贵金属矿脉的火山岩区的断裂等,这些特征即使被土壤或植被覆盖有时也能清楚地识别。部分植被本身也具有反射地下异常金属含量的效应。

遥感技术系统主要由遥感仪器(传感器,用来探测目标物电磁波特性的仪器设备,常用的有照相机、扫描仪和成像雷达等)、遥感平台(用于搭载传感器的运载工具,常用的有气球、飞机和人造卫星等)、地面管理和数据处理系统,以及资料判译和应用等部分组成。

根据所采用的遥感平台的不同,通常又可分为航天遥感(主要是卫星遥感)及航空遥感两类。航天遥感,如地球资源卫星遥感,其优点是在很短的周期内得到基本上覆盖全球的、特征、规格相同的图像,并且处理分析的速度快,单位面积的费用较低,便于发挥多波段、多时相、多种图像的信息优势,以及与地面地质、地球物理勘探及地球化学勘查等多种数据复合分析的优势。航空遥感图像,包括黑白及彩色航空像片,航空多波段遥感图像及航空测视雷达图像等,适用于较大比例尺的地质矿产调查。

1.1.2 航天遥感技术的发展历程

遥感技术是 20 世纪 60 年代以来在航空摄影、航空地球物理测量等方法基础上,综合应用空间科学、光学、电子科学及计算机技术等最新成果而迅速发展起来的。1972 年,美国航空航天局(NASA)发射了第一颗地球资源技术卫星(当时称为 ERTS-1,后来改称为 Landsat-1),它采用距地球表面 920km 高并且与太阳同步的近圆形轨道,每天绕地球 14 圈,卫星上的摄像设备不断地拍下地球表面的情况,每幅图像可覆盖地面近 2 万 km^2,Landsat-1 的成功发射开启了陆地卫星成像(landsat imagery)应用于地学领域的新纪元。

第一代陆地资源卫星(包括 Landsat-1,2 和 3 号卫星)使用的传感器是多光谱扫描仪(multispectral scanner,MSS),能同时获得 4 个光谱波段的数据,其中 2 个波段的波长分别是 0.5~0.6μm 和 0.6~0.7μm,对应于可见光谱的绿色和红色部分;另 2 个波段的波长范围分别是 0.7~0.8μm 和 0.8~1.1μm,对应于光谱中的近红外部分,刚好超出可见光范围。第一代陆地卫星获得的光谱波段数据其地面分辨率为 79m×79m 面积(称像元,也就是说,所记录的地球表面反射的天然电磁波,其观测值是由地面 6241m^2 面积上反射率的平均值组成),并且通过反束光导管摄像机(RBV camera)提供少量分辨率为 40m 的影像。

第二代陆地卫星系统始于 1982 年发射的 Landsat-4,它在与太阳同步的轨道上运行,每 16 天覆盖一次地球。Landsat-4 安装了专题成像仪(thematic mapper,TM)传感器,在第一年的试运行期间能获得与早期发射卫星提供的相同的 MSS 数据,TM 数据的空间分辨率为 30m×30m^2,而且更准确;第二年后,它可以提供 6 个波段范围从 0.45~2.35μm 的光谱数据和 1 个分辨率较低(120m)波长范围从 10.4~12.5μm 的热红外波段。1984 年发射的 Landsat-5 是为 Landsat-4 提供数据备份。由于 TM 的第 5 和 7 波段位于短波红外区内,以及随着功能更强大的计算机软件的问世,TM 数据不仅提供了识别铁帽而且还能够识别热液黏土矿物蚀变的功能。目前 Landsat-1~Landsat-4 均相继失效,Landsat-5 仍在超期运行。

卫星图像按标准进行分幅,一幅称为一景(scene,又称为一个像幅),一景 MSS 图像由 3240×2380 个像元组成,而一景 TM 图像是一景 MSS 图像的像元个数的 9 倍。每一景有一个编号,由轨径(path)编号和行(row)编号两组数字组成,这种编号称为全球参考系统(WRS)。例如,陆地卫星 4、5 号覆盖全球一次共飞行 233 圈,其轨径编号为 001~233;规定穿过赤道西经 64.6° 为第一圈轨径,编号为 001,自东向西编号。我国领土位于 4、5 号卫星的 113~146 号轨径。在任一给定的轨道圈上,横跨一幅图像的纬度中心线称为行,按照卫星沿轨道圈的移动进行编号,即北纬 80°47′ 作为第一行,与赤道重叠的行编为第 60 行,到南纬 81°51′ 为 122 行。然后开始第 123 行,向北方行数增加,穿过赤道(相当于 184 行),并继续向北直至北纬 81°5′ 为第 246 行(从 123 行后为夜间飞行)。我国领土的大陆部分白昼图像位于 23~48 行。例如,某幅图像编号为 123~32,表示位于第 123 圈轨径、第 32 行的位置。由于同一景遥感图像通常都是采用多个光谱波段同时拍摄,如果每个波段赋予一种颜色,通过三个波段的合成就可以生成一幅假彩色图像。

1999 年发射的 Landsat-7 是美国第 3 代陆地资源卫星(第六颗卫星在 1993 年因火箭故障没有发射成功),它运行在一条高 705km、倾角 98.2° 的太阳同步轨道上,每天绕行地球 14 圈,16 天覆盖地球一遍,图像幅宽达 185km。Landsat-7 号卫星最主要的特点是用再增强型专题成像仪(enhanced thematic mapper plus,简称 ETM+,它是安装在第六颗卫星上的 ETM 的改进型号,比 MSS 和 TM 灵敏度高)。

美国宇航局和美国地质调查局于 2013 年 2 月 11 日合作研制发射了 Landsat-8 号陆地资源卫星,卫星上搭载了陆地成像仪(operational land imager,OLI)和热红外传感器(thermal infrared sensor,TIRS)。这两个传感器以 30m(可见,近红外,短波红外光谱)、100m(热红外光谱)和 15m(全色光谱)的空间分辨率提供了全球陆地季节性覆盖。Landsat-8 每天为美国地质调查局传送 400 幅的卫星图像作为数据存档(每个图幅沿轨道幅宽 180km,垂直轨道幅宽 185km),比 Landsat-7 多 150 幅。

地球观测系统(SPOT)系列卫星是法国空间研究中心(CNES)研制的一种地球观测卫星系统。1986 年法国 SPOT Image 公司发射了第一颗商业遥感卫星,其传感器能够提供分辨率可以达到 10m×10m 的全色(黑白)影像,还可以提供分辨率为 20m×20m、与 MSS 相似的彩色图像。1998 年 SPOT-4 增加了一个短红外波段(1.58~1.75μm),分辨率为 20m。2012 年发射的 SPOT-6,将多光谱波段地面分辨率提高到了 6m,空间分辨率能够达到 1:1 万地质解译的要求,短红外波段能够反映大部分的蚀变信息。SPOT 的一景数据对应地面 60km×60km 的范围,在倾斜观测时横向最大可达 91km,各景位置根据 GRS(SPOT grid reference system)由列号 K 和行号 J 的交点(节点)来确定。SPOT 数据的用途和 Landsat 相同,即以陆地上的资源环境调查和检测为主。自 1986 年以来,SPOT 已经接收、存档超过 7 百万幅全球卫星数据,提供了准确、丰富、可靠、动态的地理信息源。

1997 年,空间成像 EOSAT 公司发射了分辨率为 1～3m 的 IKONOS-1 卫星,可提供与航高 3000m 的航空照片相当的地面细节。1998 年春,美国 Earth Watch 公司发射的 Early Bird 卫星可提供分辨率为 3m 的图像用于详细地质填图。

我国的资源卫星计划起步于 20 世纪 80 年代中期,由于巴西政府对我国在研的资源卫星表现出极大的兴趣,1988 年中国与巴西在北京签署了联合研制地球资源卫星的协议书,被命名为中巴地球资源卫星(CBERS)的合作项目从此拉开序幕。1999 年,中巴地球资源一号 01 卫星在太原成功发射,2003 年又成功发射了中巴地球资源一号 02 卫星。2000 年,我国自行研制的地球资源二号 01 卫星成功发射,此后,又分别发射了地球资源二号 02 和 03 卫星,其分辨率高于中巴地球资源一号卫星系列,而且形成了三星联网,表明我国卫星研制技术实现了历史性跨越。

2007 年 9 月第一颗民用高分辨率陆地卫星的发射,开创了我国民用卫星应用的新局面。2008 年发射了环境减灾 EA、EB 卫星;2011 年 12 月我们国家发射了资源 01 号卫星,这颗卫星分辨率是 0.36m。2012 年 1 月我国发射了第一颗民用高分辨率卫星,简称为资源 3 号卫星,这颗卫星最高分辨率 0.1m,同时搭载了前后式的相机,能够满足 1∶5 万比例尺的测试要求并能提供丰富的三维信息。

随着更精确的数字传感器的出现,美国航空航天局在 1983 年即已经进行了一个名为机载成像光谱仪(airborne imaging spectrometer)的试验超光谱扫描仪(hyperspectral scan-ner),该系统具有 128 个波段。1987 年,又进行了 224 个波段的机载可见光/红外线成像光谱仪的飞行试验。这些扫描仪已经发展到能提供 64～384 个独立波段的影像,目前还仅限于在飞机上使用,不久将会在卫星上应用。搭载在美国 Terra 卫星(1999 年 12 月发射,轨道高度 700～730km)上由日本和美国合作研发的 ASTER(星载热发射和反射辐射仪)传感器也具有可见光-近红外光谱达 14 个波段的高光谱数据,从而为开展地表岩性识别和矿化蚀变信息提取提供了重要遥感数据源。

超光谱扫描仪不仅能够提供与 MSS 和 TM 相似的影像,其最大的优点是能够为影像中每一个像元提供一种光谱信号。如果把实验室测定的矿物或植被的反射光谱与图像中的像元进行匹配,就可以在基本上均一的区域内证实主要的矿物或植物。

雷达遥感技术则具有较强的穿透性,可以穿透云雾,进行全天候工作,产生分辨率优于 10m 的图像,在揭示地质构造方面具有独特的优势。

谷歌地球是一款由 Google 公司开发的虚拟地球仪软件,该软件把卫星照片、航空照相和 GIS 布置在一个地球的三维模型上,通过卫星图片、地图,以及强大的 Google 搜索技术的有机结合,能够随时浏览全球各地的高清晰度卫星图片。

1.1.3　航空遥感

航空遥感也称机载遥感,是指以各种飞机、气球等作为传感台和运载工具的遥感技术。飞行高度一般在 25km 以下。现代航空遥感技术已由常规的航空摄影发展到多种探测技术,如紫外摄影、红外摄影、多光谱摄影、多光谱扫描、热红外摄像以及各种雷达技术等。航空遥感成像具有比例尺大、地面分辨率高、机动灵活等特点。

航空摄影可为数十平方千米或更小范围的勘查工作提供地形和地质基础资料;卫星遥感使用较宽的电磁光谱,而航空摄影只利用可见光和近红外光谱部分。

航天飞机已经拍摄了一些极好的大区域照片,不过未能进行系统地覆盖拍摄。由飞机进行的垂直摄影所获得的照片,已成为多数地质工作的基础,目前我国常用的航空像片,像幅有 18cm×18cm、23cm×23cm 和 30cm×30cm 三种,比例尺可从 1:10 万~1:2 万或更大。彩色航空照片对矿产勘查是非常有用的,因为颜色能突出重要的地质细节,但彩色航空照片摄取较少,价格较贵,通常难于买到。

航空照片能精确地反映地貌及基岩岩性和构造,而且,根据其灰度或颜色分辨率能识别出诸如岩石蚀变带和硫化物氧化带等。因为飞机拍摄相邻地区的照片能够形成立体感,所以,地貌的细节表现得特别明显。这些毗邻的照片(或称立体像对)在前进方向叠加了大约 60%,侧向上叠加大约 30%。用作三维图视的立体镜可以是野外用的袖珍型或室内用的反射棱镜或单棱镜。因为是在中心透视中拍摄的单张航空照片,因而,它们具有边缘和高程畸变,这可以通过照片的联结或叠加所形成的一张有误差的照片镶嵌图上进行校正。

根据航片上可识别的地形、地貌和地质特征,帮助确定重点勘查工作区、参照地形标定工作路线、设置工作场所、部署地球化学取样或地球物理测线位置。因此,航片是勘查设计较理想的基础资料。

已经研制出无畸变、具颜色校正的航空摄影专用相机。黑白胶片目前仍是最常用的,但红外胶片和各种彩色胶片的应用已日渐广泛。

1.1.4 遥感地质

遥感地质又称地质遥感,是综合应用现代的遥感技术来研究地质规律,进行地质调查和资源勘查的一种方法。它从宏观的角度,着眼于由空中取得的地质信息,即以各种地质体对电磁辐射的反应作为基本依据,结合其他各种地质资料及遥感资料的综合应用,以分析、判断一定地区内的地质构造情况。遥感地质工作的基本内容是:①地面及航空遥感试验,建立各种地质体和地质现象的电磁波谱特征;②进行图像、数字数据的处理和判释地质体和地质现象在遥感图像上的特征;③遥感技术在地质填图、矿产资源勘查及环境、工程、灾害地质调查研究中的应用。遥感地质需要应用计算机技术、电磁辐射理论、现代光学和电子学技术以及数学地质的理论与方法,是促进地质工作现代化的一个重要技术领域。

遥感地质解译分为初步解译、实地踏勘、详细解译、野外验证、综合研究、编写报告六个工作阶段,每个阶段的工作内容可参考中国地质调查局地质调查技术标准《遥感地质解译方法指南》(DD2011—03)。

国内各遥感中心一般都备有成套的电磁波信息磁带,应用计算机处理技术可获得国内任一地区的黑白或假彩色合成图像。在假彩色合成图像中,可以选择不同的光谱限或光谱限的合成来突出或增强最重要的地质信息。例如,计算机在对原始电磁波信息处理过程中,通过选择特征频带强度(强度比值)能够对岩石进行分类;最好地反映某一岩石类型的信息组合(算法)被赋予一种颜色,使该像幅内相应于该算法(也即相应于该岩石类型)的所有像元都被赋予同种颜色。结合野外和实验室谱分析,TM 数据能够生成黏土和铁氧化物蚀变分布图,ASTER 数据可以有效地生成青磐岩化和黏土化蚀变分布图;超光谱数据可以生成多达 20 余种蚀变矿物的分布图。因此,只要识别出工作区最重要的岩石类型或蚀变带及其光谱特征,便可以把这些特征外推到更大的地区,也就可以根据假彩色合成图像进行初步地质解释以及对该区矿产潜力进行评价。

红外波长范围的遥感可将记录的地球表面的热辐射,用于圈定高热流或低热流地区并可证实不同程度保留或放射积热的岩石类型。雷达波长能穿透植被并显著地被地表反射,航空侧视雷达非常适合于地质构造制图。

反映一个广大地区内的岩石类型和地质构造概貌,是遥感技术在矿产勘查中的主要优势。高分辨率图像资料的可利用性,进一步促使矿产勘查利用遥感技术。特别需注意研究的课题包括:①应用综合数据套,即把地球物理、地球化学测量资料叠加在遥感图像中;②在短和中红外波长范围内开发图像资料的数字处理技术;③影像雷达的评价。实际工作中常常利用多阶段、多种遥感影像进行解译。首先从小比例尺(1∶25 万~1∶100 万)卫星影像解译入手,然后,解译高空拍摄的研究区的大比例尺航摄像片,再进一步解译研究区更大比例尺的传统拍摄的航片,在一些条件较好的地区,还可以结合航空物探测量成果进行研究。利用多种遥感信息可以对一些重要的地质特征的解译结果互相印证,如航空磁法测量可以指示侵入体的存在,利用航片可以帮助圈定侵入体的边界。

遥感资料提供的信息可以帮助对区域地质体进行较准确的圈定,从宏观上控制区域地质构造的总体格架,对提高区域地质调查质量具有十分重要的作用。遥感图像的解译主要是去伪存真、先整体后局部,通过对比、推理,解译不同比例尺的单张单波段或彩色合成卫片,然后再对比多时相、多波段、多片种及航、卫片镶嵌图,从中确定各类地质体、线、环形影像特征及其分布和变化等。根据遥感资料的影像特征,进行遥感影像单元和遥感形态单元(线形、环形)划分,并编制遥感图像解译草图;对照参考已有地质资料,拟定全区岩性和构造地质解译标志;根据解译标志,对遥感资料进行地质解译并编绘遥感地质解译图,提供野外踏勘中参考应用,以便有针对性地布置地质观察路线,并对解译内容进行实地检查验证,不断修改补充和完善解译标志,提高解译质量;同时修改补充原遥感地质解译图有关内容,使解译内容与客观情况更为吻合。

遥感地质解译的重点包括:区域构造格架解译、辅助地质填图解译、已知控矿因素的追索圈定等。因为遥感影像只是多种勘查手段中的一种,因而有必要与其他类型数据(地质、地球化学、地球物理等)在相同比例尺和同一个坐标系统中进行匹配和比较。

如果说遥感数据分辨率的提高显著地提高了地面地质体影像的精细程度,那么,超光谱技术的发展则促使遥感地质方法由现在的以图像分析为主转变为以光谱分析为主的图谱结合的方式。未来的遥感地质将会向着定量化(如地质目标的自动识别、岩石中矿物丰度和化学成分的定量反演,以及包括地质填图模型和矿产资源评价模型在内的定量应用模型等)和集成化(即多种遥感技术、多种遥感信息以及多种数据处理方法集成为优势互补协同作业的应用体系)的方向发展。

2007 年在北京召开的以"遥感找矿面临的新挑战"为主题的第 302 次香山科学会议提出了"后遥感应用技术"的概念。所谓后遥感应用技术,是指在数字地球框架下,将遥感技术与传统的地质方法相结合、与现代信息技术相结合的遥感信息深化应用技术,其核心是遥感信息的延伸应用和信息化。其目的是最大限度地利用信息资源,以提高矿产资源的勘查效果。后遥感应用技术有利于发挥遥感找矿的技术优势,发现用常规地质方法很难发现的地质体和地质现象,为找矿提供新的依据。通过引进新型探测技术的数据源,开发先进图像处理方法,进一步深化对遥感信息的理解和诠释;通过与传统地质方法的集成来弥补主要反映地表信息、受植被干扰大和解读不确定性等不足。

1.2　矿产地质填图

1.2.1　地图和地质图的基本概念

地图是用形象符号再现客观,反映和研究自然现象以及社会现象的空间分布、组合、相互联系及其在时间中变化的图形模型。地质图属于一种重要的地图类型,是矿产勘查中用于交流信息的最重要媒体。地图是地表特征的二维展示,它不仅能传递某个特定区域的详细信息(采用图形的形式实现),而且能指示该区域相对于地球其他地区的位置(采用坐标系统控制)。地形图和地质图是矿产勘查中最常用的地图,地球物理和地球化学图件常常与地质图结合使用。

地质图是在平面上的地质观测和解释的图形展示,地质剖面图是在垂向上的地质观测和信息解释,两者在性质上是相同的。对于矿产勘查工作来说,平面图和剖面图在可视空间以及三维地质的关系方面是必不可少的图件。有了这些图件,便可以应用有关成矿控制的理论来预测潜在矿床赋存的位置、规模、形态以及品位等。

地质填图的目的是确定构造单元并概括或恢复出填图区的地质发展历史,根据对资料的综合分析,评价相应地质条件下矿化潜力和建立勘查准则。矿产勘查的第一步总是需要获得地质图。在确立勘查项目之前,首先需要收集研究区内原有的地质图和资料,在对这些图进行评价后,可能需要在更小的区域内进行更大比例尺的地质研究。而且,勘查靶区的地质图对所有后续勘查工作,包括地球物理、地球化学、钻探,以及矿山设计和开采等,都是极为重要的地质控制资料。所以地质填图是勘查地质人员必须掌握的基本技术之一。

1.2.2　我国地质填图的进展简介

我国最早的区域地质调查工作始于1952年地质部成立之时,至20世纪末的近50年间,已累计完成1:100万区域地质调查面积达947.38万 km^2,占国土面积的98.7%;完成1:20万中比例尺区域地质调查691万 km^2,占国土面积的72%;完成1:5万区域地质填图164万 km^2,占国土面积的17%。从2004年开始,我国再次启动了中断20多年的大比例尺区域矿产远景调查工作,被锁定的区域包括雅鲁藏布江地区、"三江"地区、大兴安岭中南段等15个重要成矿区带的成矿有利地段,共填图217幅,调查面积为88021 km^2,年度计划总投资1亿元。至2010年,我国已基本实现中比例尺地质图的全面覆盖,在主要经济发展区带、重要成矿带以及科学问题突出的地质单元行将完成849幅1:5万地质图,合计36万 km^2。

根据国际基本地形图系统数字化的新形势,从"九五"计划开始,我国中比例尺新测图幅统一由1:20万改为1:25万,并且规范了1:25万、1:5万、1:2.5万,以及1:1万比例尺构成的国家层次"野外地质填图"标准系列,数字填图技术已经在我国推广。目前,我国地质填图已实现野外数据采集、储存、数据处理、成图的全流程数字化。GPS已成为野外地质人员的重要工具,它有两个主要的用途:①预先把所需要研究的观察点位置坐标输入GPS,野外工作时就可以很容易地利用它到达预定点位;②野外定点,即利用GPS确定并能自动记录观测者所在位置。

中国地质调查局除承担比例尺一般为1:25万~1:5万区域地质填图外,还承担1:5万矿产远景调查。矿产远景调查是战略性矿产勘查的前期基础工作,是为矿产预查直接提供靶区和新发现矿产地的区域找矿工作,其目的是解决矿产勘查后备选区紧缺问题,为政府矿产资源规划管理、提高矿产可持续供给能力提供基础保障,为提高国家勘查资金的投入产出效益、促进矿业可持续发展服务。

矿产远景调查一般部署在重要成矿区带选择成矿有利地段,突出战略性矿种,兼顾综合找矿,按国际分幅,采用单幅或多幅联测的方式分阶段部署。未开展过1:5万区调的地区,矿产地质填图必须以野外实测为主。已进行过1:5万区调的地区,采用野外调查和室内修编相结合的方式进行,主要任务是实测矿产和与成矿有关的含矿层、标志层、控矿构造、矿化带、蚀变带、物化探异常区和与成矿有关的其他地质体。有关矿产远景调查的技术要求请参见《战略性矿产远景调查技术要求》[中国地质调查局地质调查技术标准(DD2004—4)]。

1.2.3　矿产地质填图

　　矿产勘查阶段的地质填图称为矿产地质填图,由地质勘查部门自行完成,比例尺一般为 1∶1 万、1∶5000、1∶1000,一些情况下为 1∶500。野外填图的比例尺越大,要求的控制程度和研究程度越高。例如,如果野外按照 1∶5000 比例尺要求进行地质填图,那么,最终成图的比例尺应为 1∶5000 或 1∶1 万,而不能为 1∶2000,因为该比例尺的野外填图的控制程度不能达到更大比例尺地质图的要求。

　　在 1∶1 万比例尺的地质填图中,间距为 100m 的勘查工程能够在这一比例尺的地质图上展绘出来,而且,宽度为几米的岩墙和断层带不需要在图上夸大表示。在 1∶1 万地质填图的基础上可进行更大比例尺(如 1∶2000)的地质填图,更大比例尺的地质图上能够实际表示与矿床有关的规模更小的地质特征。一般说来,地质填图选取比例尺应按工作区内原有地质图比例尺 5~10 倍的尺度扩大,采用小于这一倍数比例尺的地质填图。例如,进一步详细的地质填图只比原比例尺扩大 2~3 倍,将不可能新增多少地质细节。

　　矿产地质填图的目的是提高测区内地质矿产研究程度,基本查明地质特征,大致查明成矿条件,发现新矿(化)点,为物化探异常解释、成矿规律研究和勘查靶区圈定提供基础地质资料。

　　地质填图在矿产勘查的各个阶段都需要进行,随着勘查工作的逐步深入,勘查范围逐步缩小,地质填图所要求的比例尺更大,精度要求更高。地质填图也不是一个孤立的活动,它在勘查手段的最佳组合中占有重要位置,地质填图对地球物理、地球化学、槽探、钻探,以及坑探等勘查技术的应用提供指导作用,而地质填图过程中也需要借助于这些手段来了解覆盖层之下基岩的地质特征。

　　一旦确定了钻探或槽探的施工区域,则一般需要进行更大比例尺的地质填图。例如,1∶500 的比例尺,以便把取样结果以及地层和构造细节都能精确地展绘在图上。勘查工程如探槽和钻探的原始地质编录则还要以更大比例尺(如 1∶50 或 1∶100)来进行。原始地质编录有助于确定构造、岩性、矿化,以及详细取样位置之间的关系,而且对于岩土工程研究也是很重要的。

1.2.4　实测地质剖面的测制要求

　　实测地质剖面是进行勘查区基本地质情况研究以及进行地质填图的基础工作。在地质填图设计书中即应明确测制实测地质剖面的目的和地点以及样品(标本)采集要求等。首先需要通过踏勘,选择露头良好、构造清楚的地段作为实测剖面的路线,必要时采用探槽进行揭露。然后进行实测剖面,通过观察研究和对比,确定填图单位,并采用一套经过鉴定、测试的标本,统一命名和统一认识。

　　实测地质剖面的分层精度可根据剖面的比例尺大小确定。凡在剖面图上宽度达 1mm 的地质体均应划分和表示,对于一些重要的或具特殊意义的地质体,如标志层、化石层、矿化层、火山岩中的沉积岩夹层等,如厚度达不到图上 1mm,也应将其放大到 1mm 表示。

对于实测勘查线剖面,要求地质界线定位准确,并且准确测定其产状,勘查工程位置准确定位。

表 1-1　矿区地质图与实测地质剖面图及勘查线剖面图比例尺的关系

矿区地质图	实测地质剖面图	勘查线剖面图
1：2.5 万	1：2000 ~ 1：1000	1：5000 ~ 1：1 万
1：1 万	1：1000 ~ 1：500	1：2000 ~ 1：5000
1：5000	1：500 ~ 1：200	1：2000 ~ 1：5000
1：2000	1：200 ~ 1：100	1：1000 ~ 1：2000
1：1000	1：100	1：500 ~ 1：1000

实测地质剖面时用半仪器法同时测绘地形及地质界线,绘制路线地质平面图和地质剖面图。勘查线剖面图用仪器法测绘地形剖面图,填绘地质体时,对工程位置及地质界线特别是矿体(层)界线、重要的地质构造界线等必须用仪器法定位。测量点、基点、观测点在实地用木桩或用油漆在岩石上标记,勘查线剖面的端点还应埋设水泥桩,并测定其 x、y 和 z 坐标。实测地质剖面的比例尺依据地质填图的比例尺确定。

1.2.5　矿产地质填图的要求

1：1 万矿产地质填图是在 1：5 万或 1：10 万(一些情况下可能为 1：25 万)地质图的基础上进行的。在开始地质填图工作之前,要注意分析研究区内现有地球物理、地球化学以及航空照片资料。如果目标矿床是内生矿床,地质填图过程中尤其要注意对构造特征的了解;如果是外生矿床,则要注重岩相-岩性条件的研究;在变质岩区要加强对变质相的研究。在解读研究区的构造格局时有必要了解地质事件发生的时间顺序;除了构造要素需要查明以外,任何类型的接触界线都必须要确定。覆盖层不一定要填出来。大比例尺地质填图的主要目的是要发现填图区内出露于地表的所有矿化体、建立矿化与岩性和构造之间的关系、确定矿床界限、圈定有利于成矿的靶区,以及综合收集矿产勘查所需的资料。在覆盖层厚度不大的地区应采用探槽揭露,中心部位主干探槽最好能够横切过工作区,揭露和控制主要地层和构造;辅助探槽主要用于控制矿化和构造的走向。

前已述及,矿产地质填图的目的任务是提高测区内矿产地质研究程度,了解工作区内地表和近地表存在的岩石类型和构造型式以及相互间的关系,大致查明地质及矿化特征,发现新矿(化)点,为物化探异常解释、成矿规律研究和勘查靶区圈定提供基础地质资料。矿产地质填图是矿产勘查中花费最少而且最重要的一种方法,主要任务是实测矿产和与成矿有关的含矿层、标志层、控矿构造、矿化带、蚀变带、物化探异常区和与成矿有关的其他地质体。主要目的是创建一幅总结归纳野外地质观测研究结果的地质图。

大比例尺矿产地质图能够全面反映工作区内的地质及矿化特征、矿(化)点的分布状况,是物化探异常解释、成矿规律研究和圈定找矿靶区的重要基础性地质资料,可以直接为矿产资源的进一步勘查提供依据,在矿产勘查中具有重要作用。表1-2列出了不同比例尺矿产地质填图的适用范围。

表 1-2　不同比例尺矿产地质填图适用的范围

比例尺	适用范围
1:1万~1:5000	在 1:20 万~1:5 万地质填图、地球物理勘查、地球化学勘查以及遥感地质工作基础上,通过成矿规律和成矿预测研究提供的勘查靶区。
	在已知矿床的外围,根据成矿规律和成矿预测圈定的有利成矿地段。
1:2000~1:1000	在 1:1 万地质填图的基础上确定的或经普查阶段转入的详查区。
	在已知的详查或勘探区外围,根据成矿规律研究或勘查证实,可进行详查或勘探的地段。
	在预查和普查的基础上,以已知矿体或矿化带为中心圈定的成矿地段。

矿产勘查地质填图过程中应注意以下几方面:

(1)应充分收集、分析、应用区内已有的地、物、化、遥、矿产资料,提高研究程度和工作效率。

(2)应充分应用新技术、新理论、新方法,不断提高区内地质、矿产研究程度和填图质量。原则上采用数字填图技术。使用 GPS 定点。

(3)要充分考虑区内地形、地貌、地质的综合特征及已知矿产展布特征,对成矿有利地段要有所侧重。

(4)尽可能使用符合质量要求的地形图为底图,其比例尺应大于或等于最终成图时的比例尺,野外手图比例尺应大于或等于室内地形底图,无合适比例尺地形图应测绘出符合要求的地形图后再进行填图工作。地质填图过程中最好同时进行地球物理和地球化学测量。

(5)根据不同比例尺要求的精度查明区内地层、构造和岩浆岩的产出、分布、岩石类型、变质作用等特征,深入研究与成矿有关的地质体和构造并且了解含矿层、矿化带、蚀变带、矿体的分布范围、形态、产状、矿化类型、分布特点及其控制因素、矿石特征。

有关矿产地质填图方法以及具体技术要求请感兴趣的读者参见中国地质调查局 2006 年颁发的《固体矿产原始地质编录规程（试行）》（DD2006—01）规范中的相关内容。

1.2.6　矿产地质填图方法和研究内容

（1）沉积岩：采用岩石地层方法填图，重点查明岩石地层单位的沉积序列、岩石组成、岩性、主要矿物成分、结构、构造、岩相、厚度、产状、构造特征以及接触关系，大致查明其含（控）矿性质、时空分布变化等，厘定地层层序和填图单位。

（2）侵入岩：着重查明侵入岩体、脉岩的形态与规模、产状、主要矿物成分、岩石类型、结构构造、包体、岩石化学和地球化学特征等以及侵入岩体内外接触带的交代蚀变现象、同化混染现象以及分异现象特征，并圈定接触带、捕房体或顶盖残留体，测量接触带产状；探讨侵入体的侵入期次、顺序、时代、演化规律、与围岩和矿产的关系及时空分布、控矿特征。

（3）火山岩：采用火山地层-岩性（岩相）双重方法填图，研究火山岩的成分、结构、构造、层面构造和接触关系。大致查明火山岩层的层序、厚度、产状、分布范围、沉积夹层及岩石化学和地球化学特征，划分和厘定岩石地层单位；划分火山岩相，调查研究火山机构、断裂、裂隙对矿液移运和富集的控制作用及与火山作用有关的岩浆期后热液蚀变、矿化特征；研究探讨火山作用与区域构造及成矿的关系，确定与成矿有关的火山喷发时代。

（4）变质岩：区域变质岩要研究各种类型变质岩石的特点和变质作用；浅变质沉积岩、火山岩、侵入岩注意运用相应的填图方法进行工作；中、深变质岩系根据变质、变形作用特征及其复杂程度以及岩石类型，划分构造-地层单位、构造-岩层单位、构造-岩石单位；接触变质岩石应着重研究接触变质带、接触交代带的分布、物质成分、规模、形态、产状和强度及其主要控制因素。要求查明变质岩石的主要矿物成分、结构构造、岩石类型、岩石化学和地球化学特征、变形特征及其空间分布、接触关系，并建立序次关系，恢复原岩及其建造类型；调查研究各类变质岩内的含矿层、含矿建造及矿产在变质岩中的分布规律，变质岩石、变质带、变质相对矿床、矿化的控制作用。

（5）构造：查明构造的基本类型和主要构造的形态、规模、产状、性质、生成序次和组合特征。建立区域构造格架，探讨不同期次构造叠加关系及演化序列；观察褶皱、断裂构造或韧性剪切带、构造活动等及新构造运动对沉积作用、岩浆活动、变质作用、矿化蚀变、成矿的控制作用、对矿体的破坏作用以及矿体在各类构造中的赋存位置和分布规律。

（6）矿产：观察研究含矿层、蚀变带、矿化带、矿体以及与成矿有关的侵入体、接触变质带、构造带以及矿化转石等的种类、规模、展布范围、产状、形态及其空间变化，并取化学分析样和采集标本。观察研究矿石质量特征、矿石的物质组成、矿石矿物、脉石矿物、结构构造等。

（7）第四纪地质：第四纪地质体大致按时代、成因类型划分填图单位。含矿层位为第四系时要大致查明第四纪沉积物的物质成分、厚度及时空分布。

在勘查工作区内，常常需要建立地质填图、地球物理测量、地球化学取样，以及勘查工程布置的控制网。一般的做法是沿主要矿化带、地球物理或地球化学异常带或构造带的走向布置一条或多条基线，然后垂直于基线布置横剖面线（图 1-2），剖面线间距最初可定在 300m 左右，随着勘查工作的深入逐步加密。如果勘查区域已经缩小到矿床或矿体范围，可能要求进行 1：1000~1：100 比例尺的地质填图。

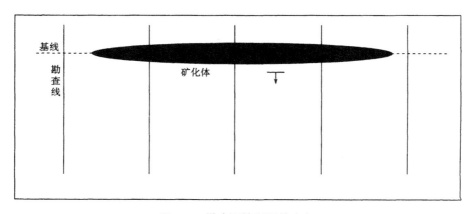

图 1-2　勘查区控制网的建立

野外填图过程中的资料收集方法常常采用两种方式：①在野外记录簿上按时间顺序记录信息，记录簿代表完成野外研究的工作日志，记录每天观测的点号、点位、点性、观测内容、样品编号等；②利用专为本勘查项目设计的标准的收集数据表格，即要求把每个观测点或取样位置记录在单独的表格上。重要的地质界线和地质体应有足够的观察点控制。重要地质现象、矿化蚀变应有必要的素描图或照片。野外地质观察记录格式应统一，点位准确，记录与手图要一致。记录内容应丰富翔实，真实可靠。地质现象观察要求仔细，描述要求准确，除详细描述岩性特征外，对于沉积岩石的基本层序、火山岩石的相序特征、侵入岩石的组构特征、露头显示的构造特征、接触关系、矿化蚀变现象等均应有详细描述记录，并有相应照片或素描图。点与点之间的路线亦应有连续观察记录；每条路线应有路线小结。重点穿越路线、重要含矿层位、矿（化）带、矿（化）体、蚀变带的追索路线应有信手剖面。

当发现重要含矿层位、矿化带、矿体（点）、蚀变带时，应采用适当的轻型山地工程予以揭露控制。工程应采用 GPS 定位。探矿工程应按规范要求编录。

第 2 章　地球物理勘查技术

2.1　概　述

2.1.1　地球物理勘查的基本原理

地球物理方法一般在某种程度上测量所有岩石所具有的客观特征并导致了收集大量的用于图形处理的数字资料。在矿产勘查中的应用体现在两个方面：①目的在于定义重要的区域地质特征；②目的在于直接进行矿体定位。第一方面的应用主要是填制某种岩石或构造特征的区域性分布图，如地球物理方法测量地表对电磁辐射的反射率、磁化率、岩石传导率等。这方面的应用不要求观测值与所寻找的目标矿床之间存在任何直接或间接的关系，根据这类观测资料结合地质资料可以产生地质特征的三维解释，然后可以应用成矿模型预测在什么地方可以找到目标矿床，从而指导后续勘查工作。这一应用的关键是对这些观测值以最容易进行定性解释的形式展示，即转化为容易为地质人员理解的模拟形式，现在利用 GIS 技术可以很容易实现。

第二方面的应用是要测量直接反映并且在空间上与工业矿床(体)紧密相关的异常特征。因为矿床在地壳内的赋存空间很小，这决定了这类测量必须是观测间距很小的详细测量，从而，测量费用一般较高。以矿床为目标的地球物理/地球化学测量项目通常是在已经圈定的勘查靶区内或至少是有远景的成矿带内进行，其观测结果的解释关键在于选择那些被认为是异常的观测值，然后对这些异常值进行分析，确定异常体的大致性质、规模、位置及其产状。

岩石或矿石的物性差异是选择相应的物探方法的物质基础。任何地球物理勘查技术应用的基本条件是，在矿体(或它所要探测的地质体)与围岩之间在某种可测量到的物性方面能进行对比。例如，重力测量是根据密度对比；电法和电磁法是根据电导率进行对比。异常强度除受物性差异控制外，还受到其他一些因素的约束。地球物理异常是由式(2.1)中的信息构成：

$$A = \triangle P \times F \times V / r^n \tag{2.1}$$

式中，A 为地球物理异常的度量；$\triangle P$ 为所测量到的物性差；F 为作用力(自然力或人工外加力)；V 为地质体的有效体积；r 为地质体与观测点之间的距离；n 为经验常数，与地质体形状、大小、所用地球物理方法等有关。

由式(2.1)可知，具有强作用力而且与围岩有显著物性差异的大矿体，若赋存在近地表，能产生强异常，若赋存在地下较深部位(即 r 较大)，仍可能产生明显异常。表达式 V/r^n 是地质体各要素的总和,地质体形状是很重要的,球状或筒状体所赋的 n 值比倾斜的板状体大,如透镜体所产生的异常比赋存在相同深度的脉状体产生的异常要微弱得多。地质体这种形状效应适用于所有地球物理勘查技术,但在电磁法中有独特含义:重力法、磁法、电阻率测量法以及激发极化法接收的信号强度与地质体体积有关,而电磁信号却与垂直于外加场的地质体面积有关,从而,在电磁法中,平放的圆盘状体能产生具有相同半径的球状或透镜状体相同的电磁异常强度。

2.1.2　勘查地球物理技术的应用及其限制

20 世纪 50 年代,地球物理技术的应用和发展深刻地影响着矿产勘查,尤其在北美,许多勘查公司认为,地球物理技术是矿产勘查的"灵丹妙药",然而,应用效果却使这些公司感到失望。美国西南部的斑岩铜矿省应用激发极化法测量穿越矿化区、无矿区和覆盖区,其结果不具有判别性;在一个地区,由于勘查竞争激烈,各公司都争先应用地球物理技术,以至于不得不采取一个非正式的协议来降低互相之间电的干扰;为了查明地球物理测量对黄铜矿和黄铁矿的判别,一个勘查公司把强烈的电流输入地下,以至于把该区地下的小动物全部杀灭了。

地球物理勘查技术(除放射性测量外)最初在美国应用缺乏成功归因于四个因素:①忽视了勘查靶区的选择;②缺乏对地质环境和矿床特征的认识;③缺乏对新技术适用范围的认识;④地球物理测量仪器灵敏度不高。

地球物理技术在矿产勘查各阶段都可使用。在初步勘查阶段,采用航空地球物理圈定区域地质特征;详细勘查阶段,运用地面地球物理和钻孔地球物理测井,甚至在坑道内直接运用地球物理技术。

地球物理技术常可用做辅助地质填图。例如,在美国密苏里铅锌矿区东南部,依靠航磁异常圈定埋藏的前寒武系基底岩石的隆起和凹陷,这些隆起和凹陷与上覆碳酸盐岩石中的藻礁和矿床有关。在一些具有广泛覆盖层分布的地区,电法、电磁法、地震法和重力法广泛用于在高阻的石灰岩层、低阻的板岩层以及高密度的镁铁质岩墙分布区填图。

地球物理技术也可直接用于寻找矿床。如利用放射性法找铀矿、磁法找铁矿、电法找基本金属矿床等;通常认为,它们是在未开发地区进行矿产勘查的一部分。在许多老矿区,利用这些地球物理技术还获得了许多新的发现;在生产矿区正在力图应用地球物理技术寻找深部隐伏矿体,因为在寻找具有特征相对明显的矿体时更容易应用新概念和新技术。生产矿区有特殊的优点,地球物理技术可在深部坑道运用,但也存在缺点——杂散电流及工业有关的噪声干扰。

综上可见,地球物理技术在矿产勘查中的应用目的在于:①确定具有潜在工业矿床的地区;②排除潜在无矿的远景区。例如,假设要寻找含铜镍硫化物矿床,地球物理勘查的目的是,查明在工作区一定深度范围内是否存在某种具有电导带或很大密度带的地质体及其赋存部位;如果兴趣更广泛些,相同的地球物理工作还能阐明超镁铁岩体或主要断裂带的特征信号,因为它们能预测铜镍矿化的地质特征。

地球物理信号是由信息和噪声组成的,异常存在于信息中。异常必须根据地质条件进行解释。由于影响异常的因素十分复杂,因此,地球物理异常具有多解性,致使利用地球物理技术进行矿产勘查命中率较低。Paterson(1983)在加拿大为寻找块状硫化物矿床的工作进行了好几年,结果表明,5000个航空电磁异常中有一个是潜在的工业矿体。

地球物理技术探测的深度极限与信号/噪声的值、探测目标的形状和规模以及作用力的强度有关。仪器敏感度的增益或外加力的增强均无助于来自深部的弱信号。例如,如果近地表的噪声来源碰巧是覆盖层中的电导带或火山岩中的磁性带,那么,随着外加电流的增强或磁力仪灵敏度的改善,噪声也将增大。虽然磁法、地震法和大地电流法测量都可以渗透很深,并对探测目标进行大致对比,但是,就矿体的效应而言,大多数金属地球物理技术的有效的实际探测深度为300m以内;在有利条件下,对于一定的电法测量(激发极化法)和电磁法测量(声频电磁法),300m深度可作为工作极限。经验法则有时提到:激发极化法可以探测到所寻目标最小维的两倍深度范围内所产生的效应;对磁性体而言,赋存于其最小维4~5倍的深度范围内可被探测到;在电磁测量中,最深的效应大于传感器和接收器之间距离的5倍。显然,在地质勘查中,我们不能指望单纯依赖地球物理勘查技术,因为它涉及许多变量且穿透的深度有限,所以,必须综合应用各种手段和理论推断等才能圆满完成任务。

物性(physical properties)是岩石或矿石物理性质的简称,如岩石和矿石的密度、磁化率,电阻率、弹性等。在实施地球物理测量项目工作之前需要对测区内各类岩石和矿石进行系统的物性参数测量和研究,物性测定是选择地球物理勘查方法和进行地球物理异常解释的前提和主要依据。

物探仪器发展的明显特点之一是智能化、网络化功能的增强,以及一机多参数测量,这不仅可大大提高观测速度,还为实现张量和阵列观测提供了基础。

2.1.3　航空地球物理勘查和井中地球物理测量的主要技术

1. 航空地球物理勘查技术

航空地球物理测量在一些发达国家应用比较广泛,它们速度快,每单位面积成本相对较低,不仅可以同时进行航空磁法、电磁法、放射性法测量,某些情况下还可同时进行重力测量。目前,航空测量精度大大提高,不仅勘查成本很低,而且具有所获资料比较全面等优点,勘查效果比较显著。航空地球物理与地面地球物理方法的配合,以及航空地球物理测量数据与遥感数据的结合,极大地推动了地球物理技术的发展和应用。我国自行研制的直升机磁法和电磁发测量系统目前的最大勘查比例尺已达1:5000,探头离地高度最低可达30~80m,采样间隔可达1~3m,差分全球定位系统(DGPS)平面定位精度好于1m,尤其适合于地形复杂地区的矿产勘查工作。

高分辨率航空磁测方法是采用高灵敏度仪器、大比例尺高精度航空勘查技术,获取高质量的航空磁测数据;先进的数据处理方法,对磁测信息进行有效的分离与提取;精细定量解释方法。高分辨率航磁测量方法具有速度快、测量数据精度高、解释方法精细、价格低廉等优势,目前在国内外得到了广泛的应用。在矿产勘查方面:可快速有效地对矿产勘查远景区进行评价,更好更快地进行勘查选区;直接发现矿床或矿体,可替代地面物探测量;识别构造细节,分辨细小的断层与裂隙;对岩石边界进行精确填图;区分杂岩单元;"穿透"沉积层对下伏基岩进行填图,较准确圈出隐伏地质体的空间分布状态。

航空电磁法分为时间域和频率域两类。时间域发射断续的脉冲电磁波,主要测量发射间隙的二次电磁场,所以又称为航空瞬变电磁法。频率域发射连续的交变电磁波,发射的同时测量二次电磁场。航空电磁法广泛应用于地质填图、矿产勘查、水文地质和工程地质勘查、环境监测等。它成本低、效率高、适应性强,能够在地面难于进入的森林、沙漠、沼泽、湖泊、居民区等地区开展物探测量工作。特别适合大面积的普查工作,是国土资源大调查中必不可少的物探方法。多年来,国外一直将航空电磁法作为一种常规的物探方法广泛应用。

航空放射性测量系统主要由航空多道伽玛能谱仪和飞机系统组成。利用光电效应,晶体探测器将不可见的射线转换为能够被探测的光电子流,该光电子流正比于放射射线的能量。通过分析光电子流的强度,能谱分析仪获得放射射线的能量和该能量射线单位时间内出现的次数,即该能量射线单位时间内的计数。该计数越大,说明该能量射线的强度越大。通过分析不同能量射线的强弱分布特点,获取有用的地质信息或放射污染的程度。

航空放射性测量的特点是快速、经济而有效,最初主要用于寻找放射性矿产资源,即铀矿普查,测定岩石中铀、钍、钾的含量。固定翼航空放射性测量主要用于铀矿普查,直升机航空放射性测量主要用于铀矿详查。到了20世纪60年代,航空放射性测量开始广泛应用。80年代以来,航空放射性测量引起重视,在基础地质研究和矿产资源勘查中得到了广泛的应用,利用它进行地质填图及寻找其他矿产资源,取得了丰硕的地质和找矿效果,形成了一套成熟的测量方法技术。到目前为止,我国大约有1/3的国土已经完成了航空放射性测量,找到了众多的大、中、小型铀矿床以及矿田。

2. 井中地球物理测量技术

众所周知,地面物探异常往往是地下多个地质体(包括矿体)所形成异常的叠加结果,根据地面异常布置验证孔不一定发现地下矿体。同时,依据普查资料的地表地质、地面地球物理和地球化学采集的数据经过分析、解释,而布置的钻孔,企图穿过目的物,但分析解释的正确性和精度与工作的详细程度及非目的物的干扰程度有关,故在普查或干扰严重的地区,普查钻孔的见矿率较低。而进行地下地球物理勘查则可弥补地面地球物理勘查的上述不足之处。对钻探工程在条件适宜的情况下,应根据地球物理条件,进行测井与井中地球物理测量,以发现和圈定井旁盲矿。

井中地球物理测量技术包括井中地球物理勘查和地球物理测井技术。井中地球物理勘查用来解决井周、井间的地质问题,其探测范围为几十米到几百米,是介于地面地球物理勘查和常规测井的过渡性技术,具有受地面干扰因素影响小,探测范围大的特点,可准确地确定井周与井间盲矿的空间位置及其形态。地球物理测井技术在石油勘查中广泛应用,主要用来解决井壁的地质问题,其探测范围为十几厘米到几米。

井中地球物理勘查技术主要包括:井中磁测(包括磁化率测井)、井中激发极化法、井中大功率充电法、井中瞬变电磁法、井中电磁波法、井中声波法等。

井中地球物理勘查可应用于固体矿产勘查、石油勘查、水文及工程地质勘查等领域。特别是在深部和外围找矿评价中,井中地球物理勘查具有独特的优势,是寻找深部、隐伏矿床的重要手段。

井中磁测主要用于解决井底、井旁和井周的地质问题。例如:①划分磁性层,确定磁性层的深度和厚度,提供磁性参数(磁化率、磁化强度等),验证评价地面磁异常;②发现井旁盲矿,并确定其空间位置;③预测井底盲矿,估算可能见矿的深度;④估计磁性矿体资源量等。

井中激发极化法可以校正钻孔地质剖面,确定被钻孔穿过的矿层的深度、厚度,探测井旁盲矿体,预测井底盲矿,确定见矿深度,以及为地面地球物理和井中地球物理的资料解释提供岩矿石的电阻率、极化率参数等。

地-井瞬变电磁法是近年来国内外发展较快、地质找矿效果较好的一种电法勘查方法,主要应用于金属矿勘查、构造填图、油气田、煤田、地下水、地热、冻土带、海洋地质等方面的研究。在金属矿勘查方面,主要应用于勘查井旁、井底盲矿体,尤其是当地面电磁法工作因矿体深度太大,或者是在受电性干扰因素(如导电覆盖、浅部硫化物、地表矿化地层等)影响大的地区,更能体现其优越性。

利用井中地球物理勘查预测井旁、井底盲矿、判断已见矿矿体的空间分布对于提高钻探(含坑探)工程效益、扩大钻探工程作用半径、降低钻探工作量等方面具有重要的意义。

2.2　磁法测量

2.2.1　磁法测量基本概念

物质在外磁场的作用下,由于电子等带电体的运动,会被磁化而感应出一个附加磁场,其感应磁化强度与外加磁场强度的关系可表述为

$$M = kH \tag{2.2}$$

式中,k 为磁化率(magnetic susceptibility);M 为感应磁化强度(induced magnetization);H 为外加磁场强度。在国际单位制(SD)中,感应磁化强度的单位是特斯拉(Tesla),用 T 表示,如中纬度地区地磁场总强度为 5×10^{-5}T(50μT)。由于磁法测量测得的强度变化要小得多,从而采用毫微特斯拉(nano Tesla)为基本单位,简称为纳特(nT,1nT = 10^{-9}T),又称为伽玛(γ);磁场强度的单位为安培/米(A/m)。

如果移除外加磁场后物质仍存在天然磁化现象,其磁化强度称为剩余磁化强度(remnant magnetization)。地壳物质可以同时获得感应磁场和剩余磁场,感应磁场会随着外加磁场的移除而消失,剩余磁场则能够固化在地质体中;地壳物质的感应磁场方向与地球磁场方向平行,而剩余磁场可以呈任意方向,如果环境温度高于居里温度,物质的剩余磁化强度随之消失。在北半球,感应磁化强度的负异常指向北,正异常指向南;如果实测的磁化强度不符合这一规律,则意味着测区内存在显著的剩余磁场。

磁异常是磁法勘查中的观测值与正常磁力值以及日变值之间的差值,换句话说,磁异常是在消除了各种短期磁场变化后,实测地磁场与正常地磁场之间的差异。

对磁异常数据进行分析时,需要了解磁异常是感应磁化强度为主还是剩余磁化强度为主,这可以借助于科尼斯伯格比值(konisberger ratio)(Ir/Ii)进行表述。只有含磁铁矿较高的岩石(如镁铁质、超镁铁质岩石)才是以剩余磁化强度为主(表2-1)。

表 2-1　各大类岩石磁化率和剩余磁化强度的标型值

岩石类型	磁化率(k,国际单位制)	Ir/Ii(剩余磁化强度/感应磁化强度)
沉积岩	0.0005	0.01
变质岩	0.0030	0.1
花岗岩	0.0050	1.0
玄武岩/辉长岩	0.1200	10.0

磁法测量(magnetic surveys)是采用磁力仪记录由磁化岩石引起的地球磁场的

分布。因为所有的岩石在某种程度上都是磁化了的,所以,磁性变化图可以提供极好的岩性分布图像,而且在某种程度上反映岩石的三维分布。

　　区域磁性分布图一般是在安装有磁力仪的飞机在低空平稳飞行测出来的,这种图准确地记录了工作区内地磁场的变化,图的细节与飞行线的高程和间距有关。在加拿大和澳大利亚等国家,公益性航空磁法测量采用固定机翼的飞机,常用标准是飞行高为305m、线距约2.5km;而在近年来的金刚石勘查活动中,一些勘查公司采用直升机进行测量,飞行高度在30~50m,而飞行间距达到50m。因为磁场强度与距离(飞行高度)的平方成反比,而且,其细节随飞行间距的增大而减弱,从而,飞行高度和飞行间距以及测量仪器的选择是非常重要的。

　　磁法测量不仅是最有用的航空地球物理技术,而且,由于其飞行高度低并且设备简单,其费用也最低。现在使用的标准仪器是高灵敏度的铯蒸气磁力仪,有时也采用质子磁力仪,但铯磁力仪不仅灵敏度比质子磁力仪高100倍,而且还能以每十分之一秒的区间提供一次读数,质子磁力仪只能以每秒或每二分之一秒区间提供读数。铯磁力仪和质子磁力仪都能够自动定向而且可以安装在飞机上或吊舱内。因为地面磁法扫面速度比较慢,因而矿产勘查中大多数磁法测量都是采用航空磁法测量。近些年来,航空磁法测量的测线间距在不断缩小,目前可能小至100m,离地高度也可能小至100m。

2.2.2　磁法测量的技术要求

　　1. 磁法测量的适用条件

　　(1)所研究对象与其围岩之间存在明显磁化强度差异。

　　(2)研究对象的体积与埋藏深度的比值应足够大,否则可能会由于引起的磁异常太小而观测不出来。

　　(3)由其他地质体引起的干扰磁异常不能太大,或能够消除其影响。

　　2. 测网的布置

　　在地面磁法测量中,一般是以一定网度建立测站(表2-2),探测磁性差异较小的板状地质体要求较小的间距。现代仪器通常都与GPS联结,从而能够同时自动记录站点坐标和相对磁性读数。地面磁法的仪器设备携带方便,容易操作,因而,磁法常作为地质填图和初步勘查项目的一部分工作内容。

表 2-2　不同比例尺磁法测量测网间距的确定

比例尺	矩形测网			正方形测网	
	线距/m	点距/m	测点数/km²	线距=点距/m	测点数/km²
1:50000	500	50~200	40~8	500	4
1:25000	250	25~100	100~40	250	16
1:10000	100	10~50	1000~200	100	100
1:5000	50	5~20	4000~1000	50	400
1:2000	20	4~10	12500~5000	20	2500
1:1000	10	2~5	50000~20000	10	10000
1:500	5	1~2	200000~100000	5	40000

资料来源:罗笑宽等,1991

　　磁法测量的测线布置应尽可能与磁异常长轴方向垂直,点距和线距的大小应视磁异常的规模大小而定,使得每个磁异常范围内测点数能够反映出磁异常的形状和特点。

　　3. 基点的确定

　　磁测结果是相对值而不是绝对值,为便于对比,一般一个地区要选择一个固定值,固定值所在的观测点称为基点。基点可分为两种类型:①全区异常的起算点称为总基点,要求位于正常场内,附近没有磁性干扰物,有利于长期保留;②测区内某一地磁异常的起算点称为主基点,可作为检查校正仪器性能,故又称为校正点。

2.2.3　磁异常的地质解读

　　1. 常见磁异常图的表现形式

　　磁法测量获得的数据经各种方法校正(包括日变化、纬度影响、高程影响、向上延拓和向下延拓等)后,便可以绘制成磁异常图。区域性磁异常图通常是根据航空磁法测量数据绘制而成。磁异常通常采用三种图件展示形式。

　　(1)磁异常剖面图:反映剖面上磁异常变化情况。剖面上异常的对称性受磁性地质体的形状及其相对于地磁场的方向的影响:垂向或水平产状的磁性地质体产生对称的磁异常;倾斜的长条形磁性地质体形成非对称性异常(图 2-1)。磁性体的规模及埋藏深度可以利用磁测剖面异常曲线的形状进行定性估计。一般说来,埋藏越深、规模越大的磁性体所产生的磁异常宽度越大,而且磁异常曲线的对称性越高。

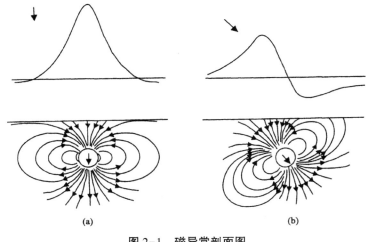

图 2-1　磁异常剖面图
（a）对称异常；（b）非对称异常

（2）磁异常平面剖面图：这种图件是把多个磁异常剖面按测线位置以一定比例尺展现在平面上，反映测区磁异常的三维变化，可以给人以立体视觉，便于相邻剖面间异常特征的对比。

（3）磁异常平面等值线图：磁法测量的数据可以绘制成磁力等值线图（图 2-2）。

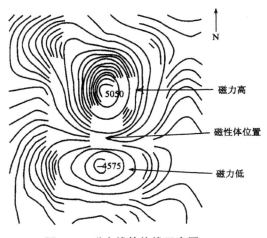

图 2-2　磁力线等值线示意图

根据等值线的形状和轮廓可以大致确定磁性地质体的位置、形态特征、走向及分布范围，解译深部地质界线的性质，以及发现断层等。根据磁异常梯度可以大致判别地质体的埋藏深度：浅部磁性地质体引起显著的陡倾异常；深部磁性地质体则形成宽缓异常。现有的许多地质专用软件已经很好地利用晕渲法解决了等值线着色的问题,所绘制的磁异常彩色渲绘图像中采用红色代表磁力高、蓝色代表磁力低,两者之间的色调表示磁力高、低之间的值,这种图像易于判读,而且能够更直观地表现磁异常的三维空间变化。

磁异常的等值线形态多种多样,有的是等轴状或同心圆状,有的是条带状,有的呈椭圆形。一般等轴状和椭圆形异常是由三维空间体引起的,而条带状和长椭圆状异常可以近似看作由二维空间体(板状、层状体)引起。

三维空间体一般是正负成对出现。在北半球,一般负异常位于偏北一侧,若整个正异常周围有负异常(伴生负异常)环绕,则表示磁性体向下延深不大。

实际上,真正的三维体是不存在的,只要磁性体沿走向的长度大于埋深 5 倍,将其看作是二维体来解释,误差不大。通常是由异常等值线来判定二维体或三维体的异常,其方法是:取 1/2 极大值等值线,若长轴长度为短轴长度的三倍以上,即可将其看作二维体异常,这一规则属于中、高纬度区。

二维体一般是正异常一侧有伴生负异常出现,只有顺层磁化向下无限延伸的板状体上,Z_a 曲线为两侧无负异常的对称异常。在特定情况下,△T 也可能出现正或负的异常。

2. 借助于磁异常图了解地下地质特征空间展布的大致范围

具体操作过程是先将磁异常图与相应的地质图进行对比,建立磁异常所在位置与相应地质体之间的联系,根据岩石(矿石)磁性参数,判别引起磁异常的原因;再结合控矿地质因素区分哪些磁异常是矿致异常,哪些是非矿致异常。若异常位于成矿有利地段,且磁性资料表明该区矿体的磁性很强,则该异常有可能是矿致异常。

磁异常的位置和轮廓可以大致反映地质体的位置和轮廓,其轴向一般能反映地质体的走向。平面上呈线性条带、弧形条带或"S"形条带展布的磁异常,通常是构造带的反映;区域性磁力高或磁力低,可能是隆起或凹陷(穹窿或盆地)的反映。局部磁力高通常是小岩体或矿体的反映。

只有正异常而无负异常,或者正异常两侧虽然存在负异常但不明显或两侧负异常大致相等,可以解释为磁性地质体位于正异常的正下方;磁异常正负相伴可以解释为磁性地质体的顶面大致位于正负异常之间且赋存在梯度变陡的下方。

3. 磁异常的区域趋势和剩余分析

由深部磁性体引起的磁异常具有较长的波长,这种长波长的磁异常称为区域趋势;埋藏较浅的磁性体引起的磁异常以较短的波长为特征,具有短距离波长的磁异常称为剩余或称为异常(图 2-3)。

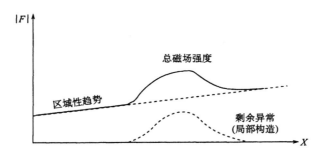

图 2-3　磁异常的区域趋势和剩余示意图

|F|表示总磁场,X 表示磁异常的波长

　　如果我们对浅部地质体感兴趣,那么,长波长的磁异常(即区域趋势)就是噪声,因而可以滤除;同理,如果我们研究的是埋藏较深的地质体,那么,短波长的异常就成为噪声,应该去除掉。不过,有时候这两类数据并不是那么容易区分开,因而难以进行分离。

　　区域异常一般反映了区域性构造或火成岩的分布,局部异常可能与矿化体、小规模的侵入体有关。为了进一步查明每个异常的地质原因,还可结合地质特征或控矿因素对磁异常进行分类。

　　4. 磁性地质体埋藏深度的估计

　　磁异常分析的另一个重要内容是确定引起磁异常的地质体的埋藏深度,通常是在磁异常图上对已经证实异常的横剖面进行研究。具体做法如下。

　　(1)利用波长半宽度技术估计埋藏深度

　　该方法的原理是磁异常的宽度与磁性地质体的埋藏深度相关而且二者的值为同一个数量级。由此很容易建立它们之间的经验公式。

　　1)直立筒状地质体:直立筒状地质体(如金伯利岩筒)引起的磁异常可以看作为一个孤立磁极(Monopole)。设岩筒顶部距地表的深度为那么,其异常垂直分量的半宽度由下式给定:

$$x_{1/2} = 0.766z \tag{2.3}$$

　　整理后得

$$z = 1.306x_{1/2} \tag{2.4}$$

　　需要指出的是,式(2.3)所计算的是磁异常半波长宽度(图 2-3),从而必须滤除背景磁场(即区域趋势)。此外,应用式(2.4)时还需谨慎,因为该式只有在磁性体倾角近于 90°的情况下才成立。

　　2)球状和圆柱状磁性地质体:估算球状和圆柱状磁性地质体埋藏深度的公式如下:

$$x_{1/2} = 0.5z \tag{2.5}$$

整理后得

$$z = 2x_{1/2} \qquad (2.6)$$

式中,z 为球状或圆柱状磁性地质体中心至地表的埋藏深度。与式(2.3)相同,由于计算的是磁异常的半幅宽度,所以,必须先消除其背景磁异常后才能进行计算。

可以利用式(2.5)和式(2.6)对磁异常两侧进行计算,如果磁异常不对称,可以取其平均值。

(2)坡度法(slope methods)估算深度

利用磁异常坡度(dF/dX)也可以用于给定磁性地质体埋藏深度的约束条件。具体做法如下。

在磁异常图中找到具有最大 dF/dX 值的位置,然后找出位于最大坡度值 1/2 处的两个点,这两点间的距离为 d(图 2-3)。偶极磁性体埋藏深度的计算公式为

$$z = 1.4d \qquad (2.7)$$

这一分析可以在磁异常两侧进行,如果异常不对称,那么可以取左右两侧 d 值的平均值进行计算。

2.2.4　磁法在矿产勘查中的应用

磁法测量结果对地质数据的解释是极为有用的,因为地质填图过程中常常受露头发育不良的条件限制。磁法测量能够测定地表盖层之下地质建造的相对磁性分布图,据此我们能够推断不同岩石类型的边界,以及断层和其他构造的展布等,从而使地质图上的信息显著增强。磁法勘查是一种轻便快捷的勘查技术,其勘查精度随着仪器设备的更新换代不断提高,目前,磁法勘查已成为矿产勘查中一种重要的手段。

1. 划分不同岩性区和圈定岩体

利用磁法测量对在磁性上与围岩有明显差异的各类岩浆岩尤其是镁铁质和超镁铁质岩体进行填图的效果非常好。基性与超基性侵入体,一般含有较多的铁磁性矿物,可引起数千纳特的强磁异常;玄武岩磁异常值在数百至数千纳特之间。闪长岩常具中等强度的磁性,在出露岩体上可以产生 1000~3000nT 的磁异常,当磁性不均匀时,异常曲线在一定背景上有不同程度的跳跃变化。花岗岩类一般磁性较弱,在多数出露岩体上只有数百纳特的磁异常,曲线起伏跳跃较小;然而,如果在岩浆侵位过程中与围岩发生接触交代作用而产生磁铁矿或磁黄铁矿,沿岩体边缘有可能形成磁性壳。喷出岩一般具有不规则状分布的磁性,少数喷出岩无磁性。

磁异常一般都源自于火成岩和变质岩,沉积岩通常不产生磁异常,因而磁异常一般都是以基底岩石为主,沉积盖层实际上不产生磁异常,或者说沉积盖层对磁力实际上是透明的,所以在沉积盆地观测到任何有意义的磁异常,一定是基底表面或内部磁性体引起的,因此,磁法测量特别适应于较厚沉积盖层下的基底构造填图。

此外,利用磁异常的平滑度估计基底的埋藏深度(或者沉积盖层的厚度)是磁异常数据的标准应用。

原岩为沉积岩的变质岩一般磁性微弱,磁场平静;原岩为火山岩的变质岩,其磁异常与中酸性侵入体的异常相近;含铁石英岩建造通常形成具有明显走向的强磁异常。

2. 推断构造

构造趋势能够借助于磁性分布形式展示出来,因而,在矿产勘查尤其是在油气勘查中,磁法勘查主要用于研究结晶基底的起伏与结构,测定深大断裂和火成岩活动地带。近年来,高精度磁法勘查在研究沉积岩构造方面也有一定效果。

断裂的产生或者改变了岩石的磁性,或者改变了地层的产状,或者沿断裂带伴随有同期或后期的岩浆活动,因而,断裂带上的磁异常大多表现为长条状线性正异常或呈串珠状、雁行排列的线性磁异常。有些发育在磁性岩层中的断裂带,由于断裂带内岩石破碎而使其磁性减弱,如果没有岩浆侵入的话,则这类断裂带上会出现线性低磁异常带。

在褶皱区,一般背斜轴部上方会出现高值正磁异常,向斜轴部上方可能出现低缓异常而其两翼则表现为升高的正异常。

综上所述,利用磁法测量能够测定地表盖层之下地质建造的相对磁性分布图,据此我们能够推断不同岩石类型的边界,以及断层和其他构造的展布等,从而,在露头发育不良的地区,磁法测量可以作为矿产地质填图的重要辅助手段。

3. 矿致异常

铁矿体具有很高的磁化率并且可以呈现感应磁化强度和剩余磁化强度,这些磁异常能够在一定的飞行高度上很容易被探测到,因此,航磁测量是预查阶段最有用的勘查手段之一。

因为石棉矿常常赋存在富含磁铁矿的超镁铁侵入岩中,所以,利用磁法勘查可以确定石棉矿床。需要指出的是,赤铁矿具有反铁磁性,只能产生微弱异常。

有经济价值的矿床本身可能不具有磁性,但是只要矿石矿物与一定的磁性矿物(主要是磁铁矿和磁黄铁矿)之间存在某种相对直接的关系或者与某些可以采用磁法填图的岩石类型相关,就有可能利用磁法探测到矿化的存在。例如,与含铁建造有关的金矿化,由于含铁建造中含磁铁矿,在一些金矿化带内含磁黄铁矿,利用磁法测量可以圈出含铁建造层位,至于如何在含铁建造中找到金矿体则属于另一个研究内容。对于夕卡岩型金矿,则可以利用磁法圈定夕卡岩体,夕卡岩中常常含有一定量的磁铁矿和磁黄铁矿。

在一些斑岩型铜矿床中,磁法测量结果可能表现为在未蚀变的岩石建造之上圈出的是正磁异常,而勘查目标则圈定为磁力低,这是因为在成矿过程中,原始侵入体或火山岩中所含的磁铁矿矿物被成矿流体交代蚀变,其中的磁铁矿已被蚀变为诸如黄铁矿之类的非磁性矿物。

2.3　电法测量

电法测量(electrical surveys)是通过仪器观测人工的、天然的电场或交变电磁场,根据岩石和矿石的电性差异分析和解释这些场的特点和规律,达到矿产勘查的目的。电法利用直流或低频交流电研究地下地质体的电性,而电磁法是利用高频交流电达到此目的。利用岩石和矿物电导性高度变化的特点,发展了多种电法测量技术,包括电阻率测量法、充电法、自然电场法、激发极化法、电磁法等,本书只对电阻率测量法、激发极化法以及电磁法作简要介绍。

2.3.1　电阻率测量法

1. 电阻率测量法的基本概念

当地下介质存在导电性差异时,地表观测到的电场将发生变化,电阻率测量法就是利用岩石和矿石的导电性差异来查找矿体以及研究其他地质问题的方法。电阻率是表征物质电导性的参数,用 ρ 表示,单位为 $\Omega \cdot m$。

根据地下地质体电阻率的差异而划分出电性层界线的断面称为地电断面。由于相同的地层,其电阻率可能不同,不同的地层,其电阻率又可能相同,所以,地电断面中的电性层界线不一定与地质剖面中相应的地质界线完全吻合,实际工作中要注意研究地电断面与地质剖面的关系。

另外,由于地电断面一般都是不均匀的,将不均匀的地电断面以等效均匀的断面来替代,所计算出的地下介质电阻率不等于其真电阻率,而是该电场范围内各种岩石电阻率综合影响的结果,故称为视电阻率。由此可见,电阻率测量法更确切地说应该是视电阻率测量法。

电阻率测量技术是利用两个电极把电流输入地下并在另两个电极上测量电压而实现的。可以采用各种不同的电极布置形式,并且在所有情况下都可以计算出地下不同深度的视电阻率,利用这些数据可以生成真电阻率的地电断面。

矿物中金属硫化物和石墨是最有效的电导体,含孔隙水的岩石也是良导体,而且正是由于岩石中孔隙水的存在使得电法技术的应用成为可能。对于大多数岩石而言,岩石中孔隙发育程度以及孔隙水的化学性质对电导性的影响大于金属矿物粒度对电导性的影响,如果孔隙水是卤水,电法的效果最好;只含微量水分的黏土矿物也容易发生电离。表 2-3 列出了一些常见岩石和矿物的电阻率,由于孔隙水的存在及其含盐度的差异,表中同类岩石或矿物呈现很大的电阻率变化区间。

表 2-3　常见岩石和矿物的电阻率

常见的岩石类型	电阻率/(Ω·m)	常见矿物	电阻率/(Ω·m)
表土层	50~100	磁黄铁矿	0.001~0.01
风化基岩	100~1000	方铅矿	0.001~100
黏土岩	1~100	黄铜矿	0.005~0.1
砂岩	200~8000	黄铁矿	0.01~100
灰岩	500~10000	闪锌矿	1000~1000000
花岗岩	200~100000	磁铁矿	0.01~1000
辉长岩	100~500000	赤铁矿	0.01~1000000
玄武岩	200~100000	锡石	0.001~10000
板岩	500~500000	斑铜矿	10^{-6}~10^{-5}
石墨片岩	10~500	辉铜矿	10^{-8}~1
绿片岩	500~200000	铬铁矿	1~1000000
石英岩	500~800000		

2. 电阻率测量法的布设

电阻率测量法的目的是圈定具有电性差异的地质体之间的垂直边界和水平边界,一般采用垂直电测深法和电剖面法的布设方式来实现。

(1)垂直电测深法(vertical electrical sounding):垂直电测深法是探测电性不同的岩层沿垂向方向的变化,主要用于研究水平或近水平的地质界面在地下的分布情况。该方法采用在同一测点上逐次加大供电极距的方式来控制深度,逐次测量视电阻率 f 的变化,从而由浅入深了解剖面上地质体电性的变化。电测深有利于研究具有电性差异的产状近于水平的地质体分布特征,这一技术广泛应用岩土工程中确定覆盖层的厚度以及在水文地质学中定义潜水面的位置。

(2)电剖面法(electrical profiling):电阻率剖面法的简称,这种方法用于确定电阻率的横向变化。它是将各电极之间的距离固定不变(也即勘查深度不变),并使整个或部分装置沿观测剖面移动。在矿产勘查中采用这种方法确定断层或剪切带的位置以及探测异常电导体的位置。在岩土工程中利用该法确定基岩深度的变化以及陡倾斜不连续面的存在。利用一系列等极距电剖面法的测量结果可以绘制电阻率等值线图。电阻率测量法要求输入电流和测量电压,由于电极的接触效应,同一对电极不能满足这一要求,而需要利用两对电极(一对用作电流输入,另一对用作电压测量)才能实现。根据电极排列形式不同,电剖面法主要分为联合剖面法和中间梯度法等。

联合剖面法采用两个三极装置排列(三极装置是指一个供电电极置于无穷远

的装置)联合进行探测,主要用于寻找产状陆倾的板状(脉状)低阻体或断裂破碎带。中间梯度法的装置特点是供电电极距很大(一般为覆盖层厚度的70~80倍),测量电极距相对要小得多(一般为供电电极距的1/30~1/50),实际操作中供电电极固定不变,测量电极在供电电极中间1/3~1/2处逐点移动进行观测,测点为测量电极之间的中点。中间梯度法主要用于寻找诸如石英脉和伟晶岩脉之类的高阻薄脉。

电阻率测量法的测网密度需根据勘查目标和工作比例尺确定(表2-4)。

表2-4　不同比例尺电剖面法测网布置密度

比例尺	线距/m	点距/m
1:25000	250	100
1:10000	100~200	50~80
1:5000	50~100	20~40
1:2000	20~40	10~20

资料来源:李世峰等,2008

3. 电阻率数据的定性解读

由于电法勘查的理论基础很复杂,因而在地球物理勘查中电法测量结果最难于进行定量解读的。在电阻率测量法结果的解释中,对于垂直电测深结果的数学分析方法已经比较成熟,而电剖面测量结果的数学分析相对滞后。

利用电测深获得的视电阻率数据可以绘制相应的视电阻率地电断面等值线图(图2-4)、视电阻率平面等值线图等,借助于这些图件分析勘查区的地质构造、地层(含水层)的分布特征等。

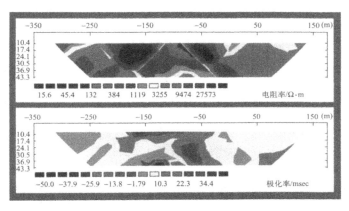

图2-4　根据偶极-偶极电阻率-激发极化测量结果绘制出的电阻率视剖面(上图)和极化率视剖面(下图),电极距为1~5m

联合剖面法的成果图件主要包括视电阻率剖面图、视电阻率剖面平面图,以及视电阻率平面等值线图等,利用这些图件可以确定异常体的平面位置和形态,并可进行定性分析:

(1)沿一定走向延伸的低阻带上各测线低阻正交点位置的连线一般与断层破碎带有关;

(2)沿一定走向延伸的高阻异常带,多与高阻岩墙(脉)有关。需要指出的是,地下巷道、溶洞等也具有高阻的特征,应注意区分;

(3)没有固定走向的局部高阻或低阻异常与局部不均匀体有关。

4.电阻率的应用

这种方法既可以直接探测矿体(如密西西比河谷型硫化物矿床),也可用于定义勘查目标的三维几何形态(如金伯利岩筒电阻率测量法还可用于绘制覆盖层厚度图)。

电阻率测量法应用于水文地质研究,可以提供地质构造、岩性以及地下水源的重要信息。电阻率测量法也广泛应用于工程地质研究,电测深是一种非常方便的、非破坏性的确定基岩深度的方法,并且能够提供地下岩石含水性的信息;电剖面法可用于确定探测深度之间基岩的变化,并且能够显示地下可能存在不良地质现象。

尽管电阻率测量法在圈定浅部层状岩系以及垂向电阻不连续面是一种有效的方法。然而,这种方法在使用上有许多限制,主要表现在:①电阻数据具多解性;②地形和近地表电阻变化可能屏蔽深部电阻变化;③电阻率测量法的有效深度大约为 1km。

2.3.2　激发极化法

1.激发极化法的基本概念

当施加在两个电极之间的电压突然断开时,用于监测电压的两个电极并没有瞬间降低为零,而是记录了一个由初始的快速衰减其后为缓慢衰减的过程;如果再次开通电流,电压开始为迅速增高其后转为缓慢增高,这种现象称为激发极化(induced polarization,IP)。

IP 法测量地下的极化率(即物质趋向于持续充电的程度)。其原理是利用存在于矿化岩石中的两种电传导模式:离子(存在于孔隙流体中)和电子(存在于金属矿物中),若在含有这两类导体的介质中施加电流,在金属矿物表面就会发生电子交换,引起(激发)极化,形成电化学障。这种电化学障提供了两种有用的现象:①需要额外电压(超电压)来传送电流通过该电化学障,如果切断电流,这种超电压不会立即下降为零而是逐渐衰减,使电流能在短时间内流动;②具电化学障的矿化岩石,其电阻具有鉴别意义的特征,包括与外加电流频率有关的相位和差值。在非矿化岩石中,外加电流只是通过孔隙间的离子溶液传导,因此,其电阻与外加电流频率无关。尽管激发极化现象很复杂,但比较容易测量。

激发极化法根据上述原理可以采用直流激发极化法,这种技术利用电压衰减现象,其观测值以时间域的方式,以毫秒(msec)为单位表示;也可以利用电阻对比现象采用交流激发极化法,其观测值以频率域的方式获取,以百分频率效应(PFE)为单位表示。

在直流激发极化法中,用极化率𝑓表示岩(矿)石的激发极化特性,实际工作中,由于地下介质的极化并不均匀且各向异性,所计算出的极化率值是电场有效作用范围内各种岩(矿)石极化率的综合影响值,称为视极化率值 η_s 。

2. 激发极化法测线的布设

激发极化法测量是沿着垂直于主要地质走向等间距布设测线,采用两个电流电极将电流注入地下,利用两个电压电极测量衰减电压,同时还可以测量电阻率。电极布置可以采用多种方式,如单极–偶极排列(梯度排列)、偶极–偶极排列等。改变电极之间的距离可以获得不同深度的测深结果,从而可以绘制出电阻率和极化率随深度变化而变化的图像。对于偶极–偶极测量来说,电极对之间的距离保持不变,增加电压电极和电流电极之间的间隔,这种间隔是以电压电极之间距离的整数倍(n)增加的。

激发极化法测量结果一般绘制成极化率视剖面图(图2-4和图2-5)。视剖面图能够表现极化率相对于深度以及电极距的变化,反映导体的几何形态。视剖面图的具体做法是利用3~4种电极距所获得的 IP 观测值(视电阻率值),以供电偶极的中点和测量偶极中点的连线为底边作等腰三角形,取直角顶点为记录点,并将相应的 IP 观测值(视电阻率值)标在旁边,同理,当改变电极距(n)时可作出同一测点不同 n 值的直角顶点,同时标出相应的观测值,然后绘制成等值线图或晕渲图。埋藏较浅的小规模导体趋向于生成所谓的“裤腿状”异常,如图2-5所示。

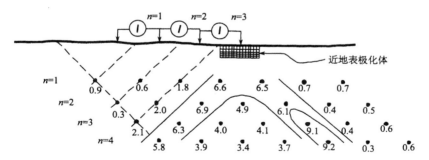

图2-5　图 IP 视剖面图,说明与某个埋藏较浅的导体有关的极化率变化和
“裤腿状”异常

3. 激发极化法的应用

电法测量中,激发极化法是矿产勘查中应用最广的一种地面地球物理技术。

最初设计这种技术是用于寻找浸染状硫化物矿床,尤其是斑岩铜矿,但不久就发现这种方法比常用的电阻法更能在层状、块状硫化物矿床以及脉状矿床中显示有特征意义的异常(理论上,导电的块状硫化物矿化只能产生微弱的 IP 响应,但实际上,IP 法在勘查块状硫化物矿床的效果也很好,这是因为块状硫化物成分比较复杂)。

激发极化法是一种特殊类型的电法测量,它实际上是目前唯一的一种能够直接探测隐伏的浸染状硫化物矿床的地球物理方法。

除闪锌矿外,所有常见的硫化物都是电导体;大多数具金属光泽的矿物也都是电导体,包括石墨和某些类型的煤;一些不是电导体但具有不平衡表面电荷的黏土矿物也能产生效应(地质噪声)。一些具有阻挠特性,使用相角关系的措施,如采用(光谱激发极化法),能够判别出金属矿物和非金属矿物发出的信号。激发极化法应用的另一个限制是成本较高。

4. 电法的适用条件

电法测量技术要求一台能够输出高压的发电机以及直接置于地下的传送输入电流的电极,并且需要沿着地面布置的一系列接收器测量电阻或极化率(充电率)。因而,电法测量是相对费钱费力的技术,主要用于具有金属硫化物矿床潜力的勘查区内直接圈定目标矿床。

应用电法测量有可能会遇到输入电流短路的问题,导致短路的原因可能是在深度风化地区含盐度较高的地下水引起的。如上所述,电法测量结果解释过程中可能会遇到的问题是:除了块状和浸染状硫化物矿体会产生低电阻或高极化率外,岩石中还有其他可能产生类似响应的带,如石墨带。因此,在结果的解释中应结合工作区的地质特征进行排除。

电法测量的有效探测深度在 200~300m 内,适合于近代抬升和剥蚀的地区,因为在这些地区,新鲜的、风化程度较弱的岩石相对接近于地表。

电法测量目前只能在地面使用,不能用于航测。地面电法测量的主要优点是能够直接与地面接触,因此,电法测量在详细勘查中应用广泛。

2.3.3　电磁法测量

1. 电磁法测量的工作原理

电磁法是电法勘查的重要分支技术,它主要利用岩石(矿物)的导电性、导磁性和介电性的差异,应用电磁感应原理,观测和研究人工或天然形成的电磁场的分布规律(频率特性和时间特性),进而解决有关的各类地质问题。

电磁法测量(electromagnetic surveys,EM)的目的是测量岩石的电导性,其原理或者是利用天然存在的电磁场或者是利用一个外加电磁场(一次场)诱发电流通过下部的电导性或磁导性岩(矿)石产生次生电磁场(二次场),从而导致一次场发生畸变。一般说来,一次场和二次场叠加后的总场在强度、相位和方向上与一次场不同,因此,研究二次场的强度和随时间衰变或研究总场各分量的强度、空间分布和时间特性等,可发现异常和推断地下电导体或磁导体的存在(图 2-6)。

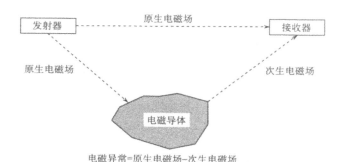

图 2-6　电磁法工作原理示意图
发射回路(TX)中的电流随时间变化(振动)产生原生磁场,同样,原生磁场也随时间变化,从而在导体(矿体)中感应出次生磁场;次生磁场通过闭路线圈(RX)时,随时间变化产生次生电压,测量次生电压就能获得导体的大小和位置的信息

一次场是使交流电通过导线或线圈产生,这种导线或线圈既可以布设在地面也可以安装在飞机上;在电导性岩石中诱发的电流会产生二次场。一次场和二次场之间的干扰效应提供了确定电导性或磁导性岩(矿)体的手段。

2. 岩石(矿物)的电导率

电导率是表征物质电导性的另一个参数,以西/米(Siemens/m)为单位进行度量;电导率与电阻率互为倒数关系,这两个术语都很常用。不同类型岩石和矿物之间的电导率差异相当大,诸如铜和银之类的自然金属是良导体,而诸如石英之类的矿物实际上不具有电导性。岩石和矿物的电导性是一种十分复杂的现象,电流可以以电子、电极或电介质三种不同方式进行传导。

花岗岩基本上不导电,而页岩的电导率在 0.5~100mS/m 内变化。岩石中含水量的增加其电导率将显著增大,如湿凝灰岩和干凝灰岩的电导率可以相差 100 倍。不同类型岩石之间的电导率值域存在重叠现象,块状硫化物的电导率值域可能覆盖诸如石墨和黏土矿物之类的其他非矿化岩石。导电的覆盖层,尤其是水饱和的黏土层可能足以屏蔽下伏块状硫化物的电磁异常。

表 2-5 列出了常见岩石和矿物的电导率,块状硫化物、石墨以及卤水具有较高的电导率(超过 500mS/m);沉积岩、风化岩石、围岩蚀变带以及淡水的电导率位于 1~500mS/m 的中等电导率区间;火成侵入体以及变质岩的电导率较低(低于 1.0mS/m)。

表 2-5　部分岩石和矿物的电导率

岩石类型	电导率/（mS/m）			矿物名称	电导率/（mS/m）		
	最小	最大	平均		最小	最大	平均
砂岩	1	20		黄铜矿	116.55	707	
页岩	30	200		方铅矿	115.44	158.8	
灰岩	0.01	1		黄铁矿	172	874.7	
烁岩	0.1	1		磁黄铁矿	540	656.3	
含铁建造	0.05	3300		闪锌矿	0.08	388.5	
流纹岩			0.04	磁铁矿			205.4
辉绿岩			0.03	石墨	108	389	
玄武岩			0.2	煤	2	100	
辉长岩			0.02				
夕卡岩			1.25				
角岩			0.05				

3. 电磁法的应用

电磁法测量系统对于位于地表至 200m 深度范围内的电导性矿体最有效。虽然从理论上讲，较高的一次场强和较大间距的电极可以穿透更大的深度，但是，对 EM 观测结果的解释过程中遇到的问题将会随穿透深度的增加呈对数方式增多。一般来说，地面电磁法的有效探测深度大约为 500m，航空电磁法的有效探测深度大约为 50m；最后，电磁法数据的定量解释比较复杂。

电磁法借助于地下硫化物矿体周围产生的电导异常探测各种贱金属硫化物矿床。航空电磁测量和地面电磁测量结果都可以绘制出地下硫化物矿体的三维图像，从而提供钻探靶区。

电磁法测量尤其适合于探测由黄铁矿、磁黄铁矿、黄铜矿，以及方铅矿等矿物组成的块状硫化物矿床，这些矿物紧密共生形成致密块状矿体，犹如一个埋藏在地下的金属体。需要指出的是，如果块状硫化物矿体中闪锌矿含量较高，由于闪锌矿为不良导体，矿体可能只表现为弱的 EM 异常。

地面电磁测量技术的费用相对较高，一般是在勘查区内用于圈定特殊矿化类型的钻探靶区时使用。这种技术也可以在钻孔测井中应用，用于测量钻孔与地表之间或两相邻钻孔之间通过的电流效应。航空电磁法既町以用于矿床靶区圈定，也可用于辅助地质填图。

EM 结果解释过程中经常出现的问题是因为许多矿体围岩可能产生与矿体本身相似的地球物理响应；充水断裂带、含石墨页岩以及磁铁矿带都能产生假的电导异常;风化程度很深的地区或含盐度很高的地下水都有可能导致电磁法测量失效或者造成观测结果难以解释。正因为如此,在新鲜岩石露头发育较好或风化程度较低的地区应用 EM 技术效果更好。

　　EM 测量在矿产勘查中都是很常用的技术,如果在具有电导性的贱金属矿床和电阻性围岩之间或者厚度不大的盖层之间存在明显的电导性差异,那么,利用电磁法测量能够直接探测导电的基本金属矿床。这一技术在北美和斯堪的纳维亚地区应用比较成功。许多其他电导源,包括沼泽、构造剪切带、石墨等电导体,在 EM 异常解释中构成主要的干扰源。

2.4　重力测量

2.4.1　重力测量的基本概念

　　1. 重力测量的基本原理

　　重力测量(gravity surveys)的基本原理是利用地下岩石、矿石之间存在的密度差异而引起地表局部重力场的变化,通过仪器观测地表重力场的变化特征及规律,进行找矿或解决重要的地质构造问题。主要应用于铁、铜、锡、铅、锌及盐类、能源矿产的找矿、调查或了解大地构造的形态等方面。

　　重力方法是测量地下岩石密度方面的横向变化,所采用的测量仪器称为重力仪,实际上是一种灵敏度极高的称量器,通过在一系列的地面测站称量标准质量,利用重力仪能够探测出由地壳密度差异引起的重力方面的微细变化。像磁法数据一样,重力异常也可采用重力等值线图或彩色图像表示。

　　地球表面重力的平均值为 $9.8 \mathrm{ms}^{-2}$,由地下密度变化引起的重力变化大约为 $100 \mu \mathrm{ms}^{-2}$,因而,采用较小的单位表示重力变化更加方便,即重力单位以 $\mu \mathrm{ms}^{-2}$ 表示。陆地上重力测量的精度可以达到 $\pm 0.1 \mu \mathrm{ms}^{-2}$,海面上重力测量精度可以达到 $\pm 10 \mu \mathrm{ms}^{-2}$。重力的厘米克秒制单位为毫伽(mgal,$1 \mathrm{mgal} = 10^{-3} \mathrm{gal} = 10^{-3} \mathrm{cms}^{-2} = 10 \mu \mathrm{ms}^{-2}$,或者 $9.8 \mathrm{ms}^{-2} = 9.8 \times 10^{-5} \mathrm{mgal}$)。

　　2. 岩石(矿物)的密度

　　在所有的地球物理参数中岩石密度是变化程度最小的变量,大多数常见岩石类型的密度为 $1.60 \sim 3.20 \mathrm{g/cm^3}$。

　　岩石的密度与其孔隙度和矿物成分有关。在沉积岩中孔隙度的变化是导致密度变化的主要原因,在沉积岩序列中,由于压实作用导致密度随深度的增加而增大,由于渐进胶结作用致使时代越老的岩石密度越大。大多数岩浆岩和变质岩的孔隙度极低,其成分是引起岩石密度变化的主要因素。一般来说,密度随岩石酸性增加而降低,从而,从酸性岩、中性岩、基性岩–超基性岩密度逐渐增大。

3. 重力测量工作比例尺的确定

对于金属矿产勘查而言，要求以不漏掉最小有工业价值的矿体产生的异常为原则，即至少应有一条测线穿过该异常，所以线距应不大于该异常的长度，并且在相应工作成果图上，线距一般应等于1cm所代表的长度，允许变动范围为20%。至于点距，应保证至少有2~3个测点在所确定的工作精度内反映其异常特征，一般为线距的1/2~1/10。

2.4.2　重力异常的解释

1. 异常解释过程中应注意的问题

（1）从面到点：对异常的解释一般是从读图或异常识别开始，即先把握全局，再深入到局部。不同地质构造单元内由于地质条件的差异而呈现不同的重力异常分布特征。所以首先对异常进行分区或分类，分析研究各区（类）异常特征与区域地质环境可能存在的内在联系，在此基础上才有可能进一步对各区内的局部异常作出合理的地质解释。

（2）从点至面：对异常的解释必须遵循从已知到未知的原则，因为相似的地质条件产生的异常也具有相似的特征，因而可以利用某一个点或一条线作控制进行解释，将获得的成功经验推广到周围条件相似地区的异常解译中去，或者是从露头区的异常特征推断邻近覆盖地区的异常成因解释。

（3）收集工作区内已有地质、地球物理、地球化学以及钻探资料，尽可能多地增加已知条件或约束条件，为重力异常解释提供印证、补充或修改。有条件时，应对所解释的异常进行验证，进一步深化异常的认识和积累经验。

2. 异常特征的描述

对于一幅重力异常图，首先要注意观察异常的特征。在平面等值线图上，对于区域性异常，异常特征主要是指异常的走向及其变化（从东到西或从南至北异常变化的幅度）、重力梯级带的方向及延伸长度、平均水平梯度和最大水平梯度值等；对于局部异常，主要指圈闭状异常的分布特点，如异常的形状、异常的走向及其变化、重力高还是重力低，以及异常的幅值大小及其变化等。

在重力异常剖面图上，应注意异常曲线上升或下降的规律、异常曲线幅值的大小、区域异常的大致形态与平均变化率、局部异常极大值或极小值幅度以及所在位置等。

3. 典型局部重力异常可能的地质解释

（1）等轴状重力高：可能反映的是囊状、巢状或透镜状的致密块状金属矿体，或反映镁铁质-超镁铁质侵入体，也有可能是反映密度较大的地层形成的穹窿或短轴背斜，还有可能是松散沉积物下伏的基岩的局部隆起。

（2）等轴状重力低：可能是盐丘构造或盆地中岩层加厚的地段的反映，或者是密度较大的地层形成的凹陷或短轴向斜,或者是碳酸盐地区的地下溶洞,也有可能是松散沉积物的局部增厚地段。

（3）条带状重力高:可能是由高密度岩性带或金属矿化带引起的重力异常,也可能是镁铁质岩墙的反映,或者是密度较大地层形成的长轴背斜构造等。

（4）条带状重力低:可能反映密度较低岩性带或非金属矿化带的展布特征,或者是侵入密度相对较大的围岩中的酸性岩墙,或者是密度较大地层形成的长轴向斜。

（5）重力梯级带:重力异常等值线分布密集并且异常值向某个方向单调上升或下降的异常区称为重力梯级带,可能反映垂直或陡倾斜断层的特征,或者是不同密度岩体之间的陡直接触带等。图 2-7 列举了在重力异常等值线图上指示断裂构造存在的一些标志。

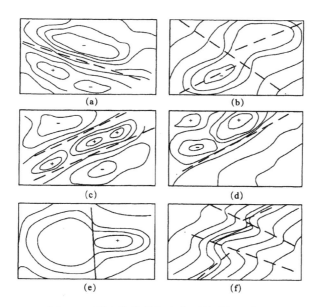

图 2-7　重力等值线图上断裂构造识别标志
（a）线性重力高与重力低之间的过渡带;（b）重力异常轴线明显错动部位
（c）串珠状异常的两侧或轴部所在位置;（d）两侧异常特征明显不同的分界线
（e）封闭异常等值线突然变宽或变窄的部位;（f）异常等值线同形扭曲部位

2.4.3　重力测量与磁法测量的比较

Boyd（1997）对重力测量和磁法测量技术进行了如下几个方面的比较。

1. 重力测量和磁法测量的相似之处

（1）重力测量和磁法测量都属于被动地球物理勘查技术,即是利用这两种技术测量地球上天然发生的场:重力场或磁场。

（2）可以采用相同的物理和数学表达式理解重力和磁力。例如,用于定义重力的基本要素是质点(point mass),同样的表达式可用于定义由基本地磁要素派生的磁力,只不过基本地磁要素不是称为质点,而是称为磁单极(magnetic monopole);质点和磁单极具有相同的数学表达式。

（3）重力和磁法测量的数据采集、处理及其解译原理都具有相似性。

2. 重力测量和磁法测量的不同之处

（1）控制密度变化的基本参数是岩石密度,不同地区近地表岩石和土壤密度的变化非常小,一般观测到的最高密度为 $3g/cm^3$,最低密度大约为 $1g/cm^3$。同时,不同地区磁化率的变化可达 4~5 个数量级,这种变化不仅表现在不同的岩石类型中,而且同一种岩石类型的磁化率也存在显著变化,从而,在磁法测量中根据磁化率的估计来确定岩石类型是极其困难的。

（2）磁力与重力不同,重力总是表现为引力,而磁力既可以是引力也可以是斥力,也就是说,数学上单极可以假设为正值也可以为负值。

（3）与重力的情况不同,磁性单点源(单极)不能单独存在于磁场中,而是成对出现;一对磁单极(称之为双极)总是由一个正极和一个负极组成。

（4）一个存在明显对比的重力场总是由地下岩石密度的变化产生的;然而,一个具有明显对比的磁场至少起源于两种可能性:可能由感应磁化也可能是由剩余磁化产生,而且,仅凭野外观测难于将二者区分开。

（5）重力场不随时间的变化发生明显的变化;而磁场与时间显著相关。

3. 重力异常与磁异常的差异

（1）重力异常是由于地下密度的变化产生的,而磁异常是由地下磁化率的变化引起的。由于控制磁异常形状的因素比控制重力异常形状的因素更多,因而难于直观地构建起磁异常的形状。

（2）如果知道由一个简单形体(如一个质点)引起的重力异常形状,常常能够推断更复杂的密度分布之上的重力异常的形状。一旦确定了该密度分布产生的重力异常的形状,则可以合理地推断该异常将如何随着密度差的变化而变化或者随着密度差的深度变化而变化。此外,如果这种密度分布转移至地球上其他部位,其异常的形状也不会改变。

另一方面,磁异常与两个独立的参数有关,即地下磁化率的分布以及地磁场的方向,其中一个参数的变化将引起磁异常的改变。这实际上意味着相同的磁化率分布如果处于不同部位(如位于赤道部位和位于北极地区),其产生的磁异常形状是不同的。此外,不同方向(如东西向或南北向)的二维地质体(如脉状矿体),即便磁测剖面总是与矿脉的走向垂直,其所产生的磁异常形状也是不同的。

2.4.4　重力测量在矿产勘查中的应用

重力测量可用于探测相对低密度围岩中的相对高密度地质体,因而可以直接探测密西西比河谷型铅锌矿床、奥林匹克坝型矿床(又称为铁氧化物铜-金矿床,简称 IOCG)、铁矿床、夕卡岩型矿床、块状硫化物矿床(VMS 型矿床)等。

在地质情况比较清楚的地区,能够预测探测目标的大致密度和形状时,重力测量可直接用于寻找块状矿体。葡萄牙南部伊比利亚(Iberian)黄铁矿带中的一个最重要的矿床——内维斯科尔沃(Neves Corvo)块状硫化物矿床就是 1977 年在详细重力测量圈定的异常区内用钻探在 305m 深处揭露和确定的。重力测量受地形效应影响较大,尤其在山区,但在较深的地下坑道内,这种影响就会小得多。例如,在奥地利柏雷伯格(Bleiberg)地区采用重力测量圈定了高密度的铅锌矿带。

重力测量和磁法测量配合可以有效地识别从基性到酸性的各类隐伏侵入体。如果同步显示重力高和磁力高,而且异常强度和规模较大,则该异常可能是镁铁或超镁铁岩体所致;如果显示磁力高而且异常规模较大,重力只表现为弱异常,则有可能是中性侵入体;如果同步显示磁力低和重力低,而且异常规模很大,则有可能是酸性侵入体。

具一定规模的磁性铁矿体将同时在其周围空间激发起重力异常和磁异常,即所谓的重磁同现;而高密度但弱磁到无磁性的地质体,如石膏、基岩起伏,或具磁性但不具剩余密度差的地质体(如强磁性火山岩)都将引起单一的重力异常或磁异常,即所谓的重磁单现。重磁单现是指重力异常与磁场(包括正异常及伴随的负异常)在一起出现,并不是指两者的极大值重合。

在勘查基本金属矿床中,重力测量技术通常用于磁法、电法以及电磁法异常或者地球化学异常的追踪测量,尤其适合于评价究竟是由低密度含石墨体引起还是由高密度硫化物矿床引起的电导异常。重力测量也是用于探测基本金属硫化物矿床盈余质量(密度差)的主要勘查工具。重力数据还可以估计矿体的大小和吨位,重力异常还可以用于了解有利于成矿的地质和构造的分布特征。近年来,航空重力测量技术取得了显著进展。

重力测量最常用的功能是验证和帮助解释其他地球物理异常,它也被用于地下地质填图;重力法以及折射地震法的特殊功能是确定冲积层覆盖区下部基岩的埋深及轮廓,还可用于寻找砂矿床。

最适合于重力测量的条件主要包括:①作为研究对象的地质体与围岩之间存在明显的密度差异;②地表地形平坦或较为平坦;③工作区内非研究对象引起的重力变化较小,或通过校正能予以消除。

2.5　设计和协调地球物理工作

地球物理和矿产勘查关系十分密切,因此,勘查地质工作者要善于把两者的工作协调好。地球物理工作者根据地质解释选择野外方法和测线,而勘查地质工作者却要利用地球物理信息进行有关解释。

2.5.1　地球物理勘查的初步考虑

(1)地球物理勘查模型。基于矿床(体)的概念模型以及与工作有关的任何其他地质信息,可以预测一定的物性对比以及矿床可能产出的深度范围。一种地球物理模型可能是矿床发现模型;另一种模型是填图模型,目的在于确定岩性和构造的关键地质信息。

(2)目标。考虑成本、完成地球物理勘查工作的时间。在日程安排及地球物理勘查模型的组织范围内,制定出最佳的地球物理和地质工作程序。

例如,某单位1964年在某硫化铜镍矿成矿带上,做了大量的地质物化探工作。主要物化探方法有:次生晕、磁法、重力、自然电场法、激发极化法、视电阻率法等。他们这次找矿是成功的,查清了这个成矿带并找到了数个矿体,但仔细研究,有些方法效果重复,有的方法效果局限,还有的效果不佳。磁法和重力比较,在岩体上磁法有明显异常,在大的岩体上有重力异常,在小的岩体上则需仔细辨认;磁法速度快、成本低、室内工作量比重力的少,因此只选磁法就可以了。自然电场方法简单、速度快、成本低,但只对块状硫化物矿体有效,对浸染状硫化物矿体无效。激电对块状和浸染状硫化矿体都有效,视电阻率效果不佳。可见,只用磁法、次生晕和激电三种方法就可以完全解决问题。

(3)工作程序。可能不止一个单位参加项目工作,为了使他们能建立起一个试验性程序以便发挥其作用,必须让他们了解工作区原有地球物理的控制程度以及现在的目的,并尽可能详细地阐明下列条件:①工作区的范围;②所要求地球物理工作的详细程度;③测线的方位以及测站的间距;④所要求地球物理工作覆盖的程度(完全覆盖或部分覆盖⑤各拟用地球物理技术所要求的精度;⑥测线控制要求的精度;⑦提交成果的范围和方式(即原始资料、等值线图、解释资料等),若需要解释资料,说明解释程度等;⑧地球物理工作的日程安排;⑨工作区的地形、气候、地质特征以及野外基地设施等。

2.5.2　地球物理工作开展前的准备

开展工作之前,勘查地质人员要与地球物理人员共同设计一个特殊工作项目,其内容包括以下4个方面。

(1)由勘查地质工作者简要介绍:①工作区的地质条件。利用现有地质图,若可能的话,还可利用能指示不连续性和岩性对比的原有地球物理测量资料,详尽地把地质模型与物性(如密度、电导率、磁化率等)联系起来;②噪声来源。根据现有信息可以预测某些噪声来源,如具导电性的覆盖层,矿山、管道产生的人工噪声等。

(2)共同编制工作进度表:由于季节、气候、设备故障等因素的影响,不可避免地会造成地球物理工作的某些延误。因而,工作进度安排具有应变性。此外,由于地球物理工作是用于建立工作区的地质图像,工作进展过程中可能会出现新的情况,需要补充一些测线;有时测线需要延拓至邻区;有时需要补充使用其他地球物理方法;地质填图范围可能需要扩大,以便与新的地球物理资料吻合。诸如此类,虽然不可能编入工作进度表中,但在考虑工作安排时必须预计这些可能发生的事件。

(3)取样和试验:实验室确定地球物理参数的样品以及地球物理响应的模拟可以由地质人员来完成。此外,勘查地质人员和地球物理人员可以选择露头发育良好的部位进行踏勘;若要穿过已知矿体进行试点测量,勘查地质人员的任务是要识别工作区或类比区内具代表性的矿体。

(4)地下信息:根据地层层序、深部取样以及已有剖面图上的重要信息,对地球物理工作以及对在最关键部位设计钻孔,以获得最重要资料的地质工作是十分重要的。在某些情况下,只要把钻孔再延伸几米就可穿透一个有意义、具物理特征的边界,或者施工一个成本较低的无岩心钻孔穿过覆盖层,即使它们与直接的地质目的没有什么关系,但在地球物理方面具有意义,这也是值得的。

2.5.3　地球物理测量期间的协调工作

(1)把明显的异常进行分类,必要时进行一些特殊的地质工作来增强或证实初步的解释。

(2)提供辅助的地球物理方法。在异常可由其他地球物理方法证实时,此项工作仍由现场的物探组完成。

(3)延拓工作。有关勘查靶区范围的早期概念可能由于地球物理资料的充实而发生变化,从而需要调整勘查范围。

2.5.4　后续工作

野外工作完成后,地球物理工作者要对资料进行处理和解释;勘查地质工作者可能要求增强一些明显的信号以阐明某些特殊地区的可疑信息;可能需要进行附加的地质填图来证实地球物理解释。最后,可能选择合适的目标进行钻探。

地球物理测量是矿产勘查中了解深部地质情况的重要手段,地球物理测量和资料解释工作是一项十分复杂的任务,而且,如果没有地质指南的话,这项工作的价值将是有限的。勘查地质工作者也应该明白,如果没有地球物理方面的资料,其工作也会受到明显的限制。

第3章　地球化学勘查技术

3.1　概　述

3.1.1　地球化学勘查发展历史简述

　　现代地球化学勘查始于苏联,他们在20世纪30年代即已开展了系统地研究。第二次世界大战后,这些技术传入西方并得到了进一步发展,至70年代,地球化学勘查已成为最有效的勘查手段之一。地球化学勘查技术迅速发展的推动力在于认识到:①大多数金属矿床的围岩中都存在微量元素异常富集的晕圈;②诸如冰碛物、土壤、泉水、河水、河流沉积物之类物质中微量元素的异常富集来源于矿床的风化剥蚀;③发展了适合检测天然介质中含量较低(几个 ppm[①] 甚至几个 ppb[②])的元素和化合物的快速、精确的化学分析方法;④利用计算机辅助的化探资料统计技术处理和评价方法大大增强了地球化学勘查的效率;⑤在国外,随着直升机和诸如覆盖层钻进设备的使用,取样效率不断提高;⑥研究自然地理景观对地球化学勘查的影响方面取得了重要进展,从而可以针对一定的野外条件选择最有效的野外技术和解释方法。

3.1.2　地球化学勘查的基本原理和概念

　　矿床代表地壳某个相对有限的体积范围内某一特殊元素或元素组合的异常富集。大多数矿床都存在一个中心富集区,在中心富集区内有用元素常常以质量百分数(贵金属以 ppm)的数量级富集达到足以能够经济开采的程度;远离中心区有用元素含量一般呈现降低趋势,达到以 ppm(贵金属以 ppb)级度量的程度(但其含量明显高于围岩的正常背景水平),有用元素的这种分布规律为探测和追踪矿床提供了地球化学勘查的途径。

　　地球化学勘查的基本原理是矿化带内的与成矿有关的微量元素由于热液、风化剥蚀、地下水渗滤等作用而扩散到周围地区。在水系沉积物地球化学勘查中,这一原理意味着地球化学异常的源区可能位于汇水盆地内的任何部位;在土壤地球化学取样和岩石地球化学取样中,采样网格定义了潜在的异常源区,网度的设计意味着源区的地球化学晕至少大于采样间距的假定,因此,要求深入了解不同元素的

---

① 　　1ppm = 10^{-6}。

② 　　1ppb = 10^{-9}。

搬运机理才能够比较准确地估计地球化学晕的分布范围。

利用矿床附近的天然环境中一定元素或化合物的化学特征一般不同于非矿化区相似元素或化合物的化学特征的原理,地球化学勘查技术可以通过系统测量天然物质(岩石、土壤、河流和湖泊沉积物、冰川沉积物、天然水、植被以及地气等)中的一种或多种元素或化合物的地球化学性质(主要是元素或化合物的含量)发现矿化或与矿化有关的地球化学异常。

地球化学勘查建立在一些重要的基本概念之上,主要包括以下几个方面。

1. 地球化学景观

气候、地形、岩石、土壤、水和植被等自然要素的综合体称为自然地理景观,自然地理景观与化学元素迁移规律相联系即构成地球化学景观(geochemical landscape)。一般来说,同一地球化学景观带内,化学元素迁移条件和迁移规律具有相同或相似的特点。

2. 地球化学背景和异常

在地球化学勘查中将无矿地区或未受矿化影响的地区叫做背景区或正常区,背景区内天然物质中元素的正常含量叫做地球化学背景含量或地球化学背景(geochemical background),简称背景。背景不是一个确定的含量值,而是一个总体,该总体的平均值称为背景值;一个地区的地球化学背景可用背景值和标准差两个数值来描述。偏离某个区域(或某个地球化学景观区)地球化学背景的值称为异常值(anomalies),异常值分布的区域称为异常区。地球化学异常区按规模分下列3 种。

(1)地球化学省:地球化学省是规模最大、含量水平最低的异常区,其范围可达数万平方千米或更大。如非洲的赞比亚,根据水系沉积物 Cu 含量大于 20ppm 圈出的铜地球化学省,面积为 8000 多平方千米,该国重要铜矿床几乎都赋存在该铜省内。地球化学省与成矿省紧密相关。

(2)区域性异常区:由矿田或大型矿床周围广大范围内的矿化引起的异常区,面积达数十至数百平方千米。

(3)局部异常:分布范围较小的异常区,其异常元素含量水平最高。许多局部异常在空间和成因上与矿床密切相关,是地球化学勘查中研究和应用最多的一类异常。

3. 临界值和异常下限

通过采用设定临界值(threshold)的方式来确定地球化学异常,临界值标志着某个元素总体的上限和下限,换句话说,临界值所界定的区间内为背景,区间外为异常。矿产资源勘查过程中主要关注的是正异常,因而把背景的上临界值称为异常下限。不过,对于出现的负异常也应该引起我们的重视,如成矿过程中由于围岩蚀变发生元素亏损而产生负异常。

地球化学异常和背景一般都是根据经验进行划分的,Hawkes 和 Webb(1962)推荐了如下几种选择临界值的方法:

(1)采用试点测量确定局部临界值。即在已知矿化区和远离矿化区分别采集一定数量的样品,所获得的数据绘制成诸如直方图或累计频率图之类的统计图件,确定区分矿化区和非矿化区数据的最佳值作为临界值。

(2)将数据集(data set)按从小到大的顺序排列,选择靠前的占总数据个数2.5%的数据作为异常值。

(3)采用数据集的"平均值2倍标准差"作为临界值。

(4)采用中位数±2倍中位数绝对偏差。具体做法是将数据集按从小到大的顺序排列,先找出数据集的中位数,然后求出各数据与中位数之差并取绝对值,称为绝对偏差(absolute deviation),再将求出的绝对偏差排序,找出其中位数,称为中位数绝对偏差(median absolute deviation,MAD)。

(5)盒须图方法。有关盒须图的内容可参见《地学数据分析教程》。

Reimarm 等对上述估计临界值的方法进行了比较研究,给出了如下评述:

(1)第一种方法要求补充进行野外工作,但试点测量一般在地球化学勘查项目实施之前完成,而在项目分析数据出来后几乎不可能仅仅为了确定临界值再进行试点测量。

(2)第二种方法是利用了第97.5个百分位数,其依据是第三种方法中的"平均值+2倍标准差"原理。采用数据集总个数2.5%的极值数据作为异常值的做法是有疑问的,因为不能解释为什么选取2.5%的数据个数而不选取5%、10%或者不选取(没有异常值)。如果需要采用百分位数,那么,第98个百分位数(即数据集总个数的2%或1∶50)作为背景值域与异常值域的分割点更容易被接受。

(3)第三种方法似乎更加严密些,但实际上,这种方法隐含着数据集服从正态分布的假设,这种方法的计算结果是大约有4.6%的数据作为异常值(即正态分布曲线下两侧各有2.3%的数据),为了满足正态分布的假设,需要将原始数据进行对数转换。显然,利用这种方法确定背景值总体的上下限也是有疑问的,因为如果异常指示的是矿化,那么异常值域和背景值域应该分属于不同的总体,而以数据集的平均值±2倍标准差作为这两个总体边界(切割点)的估值就是不合理的。此外,如果数据集中异常值个数占的比例较大,这种方法也是不合理的。

根据统计学经验,单一总体的化探数据几乎都呈正偏斜分布,因而可将原始数据转换为以10为底的对数(lg)数据后,一般近似于服从对数正态分布。从理论上讲,异常下限值应取 $\bar{x}+3s$(图3-1),实际工作中,在试点测量阶段,可以采用定义异常下限;如果没有进行试点测量,则只能利用 $\bar{x}+2s$ 定义异常下限。值得注意的是,这里的 x 应采用几何平均值,并可利用式(11.6)进行转换还原,s 为几何标准差,利用式(11.8)还原。然而,业已证明,大多数地球化学勘查数据集都位于正态分布和对数正态分布之间。

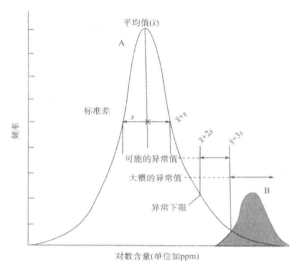

图 3-1　两个不同地球化学总体的频率分布图

地球化学数据的分布一般都呈对数正态分布,总体 A 可以看作为正常
的地球化学背景;总体 B 可以看作为矿化区的表现

(4)中位数±2MAD 的方法求得的估值通常是最低临界值,因而采用这种方法
所确定出的异常值个数最多,适合于呈正偏斜分布的数据集。由于这种方法在统
计学上比较稳健(即不像平均值那样容易受极值的影响),如果异常值的个数占数
据集总数的 15% 以上,这是唯一能够采用的方法。

(5)盒须图的内限(IQR=Q_3-Q_1 之间的距离范围称为内限;式中 Q_3 为第三个
四分位数,Q_1 为第一个四分位数,IQR 为第一和第三个四分位数之间的间距)定义
的临界值小于原始数据经对数转换后利用平均值±2 倍标准差求出的估值。盒须
图也是一种稳健的统计方法,如果异常值个数低于数据集总数的 10%,采用盒须图
方法是最合适的。此外,利用盒须图对数据进行初步分级用于编制地球化学色块
图是非常有用的途径。

4. 原生晕和次生晕

矿床形成过程中成矿元素在矿体周围岩石中迁移扩散形成的元素相对富集区
域(异常区)称为原生晕(primary halo),其富集过程称为原生扩散(primary disper-
sion)。由于影响岩石中流体运移的物理和化学变量很多,导致原生晕分布的规模
和形状变化相当大;一些原生晕在距离其相应矿体数百米的范围内即可能被检测
出来,而有的原生晕只有几厘米的分布宽度。

矿床形成后由于风化剥蚀作用导致在风化岩石、土壤、植被以及水系等次生环

境中迁移扩散形成元素的相对富集区(异常区)称为次生晕(secondary halo),其富
集过程称为次生扩散。次生晕的形状和大小
受许多因素的约束,其中最重要的也许是地
形和地下水运动因素。

图 3-2　元素扩基本过程示意图

　　识别测区内元素扩散的主要机理有助于
合理设计地球化学测量项目实施方案,导致
元素迁移富集的过程主要是物理过程和化学过程。图 3-2 简要地阐明了元素扩散
的基本过程。

　　5. 靶元素和探途元素

　　地球化学勘查被认为是利用现代分析技术延伸了我们查明矿床存在能力的一
种方法。矿床地球化学勘查是对天然物质进行系统采样和分析以确定派生于矿床
的化学元素异常富集区。采样介质通常是岩石、土壤、河流沉积物、植被以及水等。
所分析的化学元素可能是成矿的金属元素,称为靶元素(targete lement),或其他与
矿床有关且容易探测的兀素,称为探途元素(pathfinder element)。元素和探途元素
合称为指示元素(indicator elements)。靶元素或探途元素的原生晕是在成矿过程
中发育在主岩内的,原生晕的成分和分布与矿床类型有关。例如,斑岩铜矿可能具
有平面上和垂向延伸(深)达数百米的原生晕;赋存有沉积型硫化物矿床的地层沿
着层位方向可能具有大范围的金属异常富集带,但沿垂向上则迅速消失。发育在
次生环境中的靶元素或探途元素扩散晕的分布范围通常都要比相应的原生晕大得
多,因此,河流沉积物地球化学、土壤地球化学、地下水地球化学以及生物地球化学
等手段能够探测到赋存在更远距离的矿床。因而,地球化学异常显著扩展了矿床
目标的探测范围(图 3-3)。随着迅速、灵敏、精确的分析方法的迅速发展,在矿产
勘查中正日益广泛应用地球化学勘查技术。

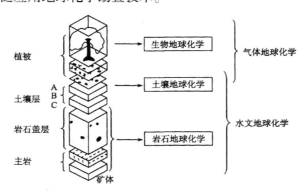

图 3-3　地球化学勘查技术以及探测原生和次生分
散晕时所采集的地质物质

　　选择探途元素要求建立预测矿床的成因模型。例如,砷在块状硫化物矿床中

作为铜的探途元素,但它并不是每类铜矿床的有效探途元素。表 3-1 列举了一些最常见矿床的靶元素和探途元素组合。

表 3-1　一些常见矿床的靶元素和探途元素组合

矿床类型	靶元素	探途元素
斑岩型铜矿	Cu、Mo	Zn、Au、Re、Ag、As、F
硫化物矿床	Zn、Cu、Ag、Au	Hg、As、S、Sb、Se、Cd、Ba、F、Bi
贵金属脉状矿床	Au、Ag	As、Sb、Te、Mn、Hg、I、F、Bi、Co、Se、Tl
夕卡岩型矿床	Mo、Zn、Cu	B、Au、Ag、Fe、Be
砂岩型铀矿	U	Se、Mo、V、Rn、He、Cu、Pb
脉状铀矿	U	Cu、Bi、As、Co、Mo、Ni、Pb、F
与镁铁-超镁铁杂岩体有关的矿床	Pt、Cr、Ni	Cu、Co、Pd
萤石脉状矿床	F	Y、Zn、Rb、Hg、Ba

6. 异常强度和异常衬度

异常强度(anomaly intensity)是指异常含量的高低或异常含量超过背景值的程度。异常区内某元素的平均值称为该元素的异常平均强度。

异常衬度(anomaly contrast)又称异常衬值,是指异常和背景之间的相对差异,它能反映异常的强度,通常有四种表现形式:

(1)某个元素含量值与其异常下限之比,这种方式求出的衬值 ≥ 1 即为异常值,可用于对比同一地区不同元素之间的异常强度。

(2)元素的峰值与异常下限之比。异常值中常常有多个峰值,如果这种形式的衬值持续存在,异常区就很容易圈定。例如,图 3-4 中可以估计铜的地球化学背景值域为 20 ~ 80ppm,地球化学异常值域为 80 ~ 300ppm。假设背景值为 50ppm,那么,图中峰值分别为 300ppm、220ppm > 150ppm 以及 230ppm,其相应的衬值为 6：1、4.4：1、3：1 以及 4.6：1。

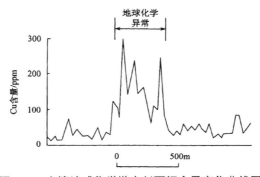

图 3-4　土壤地球化学勘查剖面铜含量变化曲线图

（3）元素的异常值与其背景值之比，所得出的衬值为背景值的倍数。

（4）异常平均强度与相应的背景值之比，可用于对比不同区域同一元素的异常强度。

有时候还可以利用原始衬度来反映勘繁查区的异常强度，所谓原始衬度是指矿体中成矿元素的平均值与围岩中该元素的背景值或异常下限值之比。

不同粒级的样品之间、上层土壤和下层土壤之间、河水与河流沉积物之间以及不同的化学分析方法之间所获得的元素含量，其异常衬值不同。显然，异常衬度越高，说明所采用的技术方案的效果越好，利用试点测量可以确定具有最高异常衬值的技术方案。

7. 试点测量

地球化学勘查项目的基础是系统的地球化学取样，从而必须从成本-效果的角度对采样介质、采样间距，以及分析方法等进行设计。地球化学勘查项目设计中一个重要的方面是评价在勘查区域内采用哪一种技术方案对于所寻找的目标矿种最有效，这一过程称为试点测量（orientation survey），又称为技术试验或地球化学测量方法有效性试验。在试点测量阶段中，需要尽可能收集和研究勘查区内现有资料，对不同取样介质（岩石、河流沉积物、河水、土壤等）的取样方法进行试验，从所有的介质中采集代表性样品在实验室采用不同分析方法进行化学分析（包括在实验室采用多种分析方法对不同粒级的土壤或河流沉积物进行化学分析，旨在确定如何制备用于化学分析的样品以及采用哪一种化学分析方法）。试点测量的目的之一是建立勘查区内不同部位可能存在的化学元素含量的值域，并了解某种地球化学勘查方法在某个化学元素的异常值和背景值之间是否具有显著的衬值。不同部位采集的样品其衬值也不同，如上层土壤和下层土壤之间、河流水样和河流沉积物之间的衬值是不同的。从而，方法性试验是寻求为获得最大可能衬值的最佳取样方法和化学分析方法。

试点测量的另一个重要目的是利用精心设计好的取样方案确定最佳的技术参数（包括采样密度、采样物质的粒度、靶元素和探途元素等）、排除可能存在的隐患、为后续地球化学测量制订最佳的取样战略以及建立标准的操作程序、确保项目顺利开展。最好的试点测量是选择与目标矿床成矿地质条件类似而且地形条件与工作区也类似的远景区或矿区内对采用各种不同的采样方法进行试验，从中选择效果最佳的方法作为工作方法。

如果前人已在测区内或邻区开展过地球化学勘查工作，设计时其主要技术指标和方案可参照前人的工作成果。如果认为资料不足，可补做部分试点测量。前人未工作过的地区、特殊地球化学景观地区以及为寻找特殊矿种、特殊矿产类型为目的的地区，必须开展试点测量。试验内容包括：采样层位（深度），采样介质，样品加工方案，靶元素和探途元素的确定，采样布局，采样网度和方法等。地球化学背景和异常一般都是采用经验方式确定，而在试点测量中，可以利用典型背景区和已知矿化区采集的样品确定异常下限。

Stanley等(2007)阐明利用试点测量的结果确定所采用地球化学勘查技术的效果(图3-5)。图3-5(a)中的直方图呈现高度的地球化学对比(异常衬值很大),样品值明确地归属于异常子总体或背景子总体,换句话说,样品分类明确,异常下限容易确定,说明试点测量中所采用的技术指标和方案是合理的。图3-5(b)说明在样本值在一个连续区域内覆盖了异常和背景值域,其子总体显著叠加,异常衬值很低,有必要对取样过程进行评价。

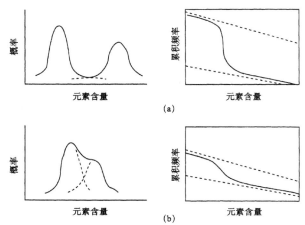

图3-5 利用方法性试验数据绘制频率直方图(左侧图)
及其相应的概率图(右侧图)的示例

(a)为双峰式分布,清晰地呈现出异常分总体和背景分总体,其地球化学衬度很高,能否圈定异常取决于样品是否布设在异常区(布尔型变量);(b)中异常和背景分总体显著重叠,其地球化学衬度很低,需要采用另一种方法来评价勘查的效能

气候和地形控制着次生环境中元素的活动性。例如,在寒冷气候条件下,由于化学分解效果较差而且水系不发育,因而不容易形成发育较好的地球化学异常;在干燥、炎热的气候条件下(沙漠气候),化学分解效果也较差,由骤发洪水引起的扩散同样不会形成发育良好的地球化学异常;在赤道气候条件下,由于成矿元素的离解和淋滤非常彻底,以至于在风化岩石和土壤中没有保留下金属富集的痕迹。由上述可知,应用地球化学勘查技术的最好环境是,在位于温带气候且地形平缓的地区,由于气候温暖、水源丰富致使矿物被有效地分解,平缓的地形促使化学分解和次生扩散晕的发育。

地球化学勘查的部署采取从区域到局部的方式,一些发达国家还利用直升机辅助步行,从稀疏取样到密集取样演化。大多数地球化学勘查项目是从区域河流沉积物取样开始,然后是土壤取样,最后是岩石取样。地质填图和地球物理测量一般都与地球化学测量同步进行。

3.2　地球化学勘查的主要方法及其应用

　　根据采样介质的不同,地球化学勘查技术分为水系沉积物地球化学测量、土壤地球化学测量、岩石地球化学测量、水地球化学测量、生物地球化学测量、气体地球化学测量等。本节将对前三种方法作简要的介绍。读者若需进一步了解不同勘查阶段各种地球化学勘查技术的工作内容和技术要求,可参考本章后列出的相关技术规范以及有关地球化学勘查的文献。

3.2.1　河流沉积物取样法

　　以水系沉积物为采样对象所进行的地球化学勘查工作称为河流沉积物取样法(streamsediment sampling),其特点是可以根据少数采样点上的资料,了解广大汇水盆地面积的矿化情况。由于矿化及其原生晕经风化形成土壤,再进一步分散流入沟系,经历了两次分散,不仅异常面积大,而且介质中元素分布更加均匀,样品代表性强,可以用较少的样品控制较大的范围,不易遗漏异常。对于所发现的异常,具有明确的方向性和地形标志,易于追索和进一步检查。

　　河流沉积物是取样点上游全部物质的自然组成物,它们通过土壤或岩石的剥蚀以及地下水的注入而获得金属,这些金属可能赋存在矿物颗粒中,但它们更多的是存在于土粒中或岩石和矿物碎屑表面的沉淀膜上。表现地球化学异常的河道向下游都可能迅速衰减。因为许多河道都是稳定的,所以,从河流沉积物中取样是有效的,其单个样品点可以代表很大的汇水区域。故在某些地球化学省,每100km 只采取一个河流沉积物样品;但更经常的是一个样品只代表几平方千米的地区,沿主要河流每1km 取2~3个样品,而且取样点都布置在支流与主流汇合处的支流上。在详细测量河流沉积物时,沿河流每隔50~100m 进行采样,在一般情况下,向着上游源区方向金属或重砂矿物含量增高,然后会突然降低,在河床狭长地带内形成水系沉积物异常,习惯上称为分散流(dispersion train)。发现矿化的分散流后,其所在的流域盆地,尤其是分散流头部所在的流域盆地便是与该分散流有成因联系的成矿远景区。

　　一般情况下,指示元素在分散流中的含量比在原生晕或土壤次生晕中的含量低1~2个数量级,因此,同一指示元素在分散流中的异常下限往往低于在土壤次生晕中的异常下限。细粒沉积物(<1.0mm)的分散流长度一般在0.3~0.6km(小型矿床)和6~8km(大型矿床)变化,最大长度可达12km 以上。

　　河流沉积物样品一般比土壤样品容易收集而且容易加工,然而,如果人们将各种废料都倾注于河流中,就会使沉积物混入杂物,影响取样效果,严重的甚至可使取样失败。

为了发挥河流沉积物取样的最大效益,应尽可能满足下列条件:

(1)工作区应当是现代剥蚀区,发育了深切的河流系统。

(2)理想的取样点应布置在面积相对较小的上游汇水盆地中的一级河流上,在二级或三级河流中,即使存在很大的异常区也会迅速稀释(图3-6)。

(3)在河流沉积物取样中,可以采集全部河流沉积物,或者某个粒级的沉积物,或者重砂矿物。在温带地区,细粒级河流沉积物中可以获得微量金属元素的最佳异常值/背景值衬度,这是因为细粒

图 3-6　河流水系分级示意图
1 表示一级水系;2 表示二级水系;
3 表三级水系

级沉积物含有大多数有机质、黏土,以及铁锰氧化物;含有卵石的粗粒级沉积物来源一般更为局限而且亏损微量元素。通常采集粉砂级河流沉积物(一般规定为80网目以下的样品),然而,应当通过试点测量来确定能给出最佳衬度的沉积物粒级。对于基本金属分析和地球化学填图而言,0.5kg 重量的样品就足够了,但如果是分析 Au,由于金粒的分布极不稳定,因而要求采集的样品重量要大得多。许多作者(Gunn,1989;Hawking,1991;Akcay et al.,1996)采集了 8~10kg 的 -2mm 粒级的样品再进行缩分。

最常用的采样方法是在选定的位置上采集活性水系沉积物样品,最好是沿河流 20~30m 范围内采集多个小样品组合成一个样品,并且在 10~15cm 深度采样,目的是避免样品中含过多的铁锰氧化物。在快速流动的河流中,为了采集到适合化学分析的足够重量的样品(至少需要 50g,最好是 100g),必须采集较大体积的沉积物进行现场筛分。

(4)详细记录采样位置的有关信息,包括河流宽度和流量、粗转石的性质以及附近存在的岩石露头情况。这些信息在以后对化学分析结果进行研究以及选择潜在的异常值进行追踪调查时将是很重要的。

(5)异常值的追踪测量一般是采取对上游河流沉积物取样的方式,即沿着异常的河流,确定异常金属进入河流沉积物中的入口点,然后采用土壤取样方法进一步圈定来源区。

若河流沉积物中发现较多的重砂矿物存在,应对河流沉积物进行淘洗或加工。对所获重砂除进行矿物学研究外,还可进行化学分析,以查明重矿物中选择性增强的一定靶元素和探途元素的异常含量。重砂方法基本上是淘金方法的量化。水中淘洗常常需要把密度大于 3g/cm³ 的离散矿物分离出来,除了贵金属外,淘洗还要检测富集金属的铁帽碎屑,如铅矾之类的次生矿物,如锡石、锆石、辰砂以及重晶石之类的难溶(稳定)矿物,以及多数宝石类矿物,包括金刚石。每一种重矿物的活

动性都与其在水中的稳定性有关。例如,在温带地区硫化物只能够在其来源地附近的河流中淘洗到,而金刚石即使在河流中搬运数千千米也能够很好地保存下来。采集的样品通常要进行分析,即要对样品中重矿物颗粒进行计数。在远离实验室的遥远地区查明重砂矿物的含量是非常有用的,根据重砂异常有可能直接确定下一步工作的靶区。重砂取样的主要问题是淘洗,要达到技术熟练程度需要花几天时间实践训练。

河流沉积物测量一般可采用地形图定点。先在1:25000或1:5000地形图上框出计划要进行工作的范围。在此范围内画出长宽各为0.5km的方格网。以四个方格作为采样大格。大格的编号顺序自左而右然后再自上而下。每个大格中有四个面积为0.25km²的小格,编号顺序自左而右自上而下标号a、b、c、d。在每一小格中采集的第一号样品为1,第二号样品标号为2。每个采样点根据其所处的位置按上述顺序进行编号。

3.2.2　土壤地球化学取样法

土壤地球化学取样技术基本原理是:派生于隐伏矿体风化作用产生的金属元素常常形成围绕矿床(体)或接近矿床(体)分布的近地表宽阔次生扩散晕,由于具有测定非常低的元素丰度的化学分析能力,从而,按一定取样网度开展土壤地球化学分析便能够圈定矿化的地表踪迹。

在露头发育不良的地区,土壤取样具有一定的优越性,靶元素有机会从下伏基岩的小范围带内呈扇形扩散在土壤中(图3-7)。这里要强调一点的是,土壤异常已经由于蠕动造成与其母源基岩的矿化发生位移;实际上,直接分布在矿体之上的土壤异常只存在于残积土中。因此,与岩石取样比较,土壤取样的主要缺点是具有较高的地球化学"噪声"(指混入了杂物或污染)以及必须考虑形成土壤的复杂历史过程的影响。

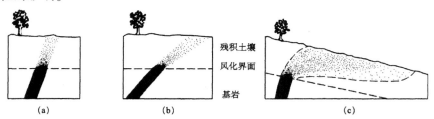

图3-7　土壤蠕动导致指示元素在土壤中呈扇形扩散
(a)简单风化作用;(b)风化堆积;(c)风化过程中土壤蠕动,成矿物质呈扇形扩散

土壤取样要求按一定的取样间距(网度)挖坑并从同一土层中采集样品。测线方向应尽残积土壤风化界面基岩量垂直被探查地质体的走向,并尽可能与已知地质剖面或地球物理勘查测线一致;测网间距可参照表3-2进行部署。对于规模较小的目标矿体(如赋存在剪切带内的金矿体以及火山成因块状硫化物矿体),取

样网度有必要加密至 10m×25m;对于斑岩铜矿体,取样网度可以采用 200m×200m。

表 3-2 土壤地球化学测量工作比例尺和测网密度

比例尺	矩形测网		正方形网格	点/km²
	线距/m	点距/m	点线距/m	
1∶50000	500	100~250	250~500	4~20
1∶25000	250	50~100	125~250	16~80
1∶10000	100	20~50	50~100	100~500
1∶5000	50	10~25	25~50	
1∶2000	20	5~10		

资料来源:据土壤地球化学测量规范 DZ/T0145—94

利用土壤地球化学追踪地球物理异常时,至少应有两条控制线横截勘查目标,而且控制线上至少应有两个样品位于目标带内,目标带两侧控制宽度应为目标带本身宽度的 10 倍(图 3-8)。

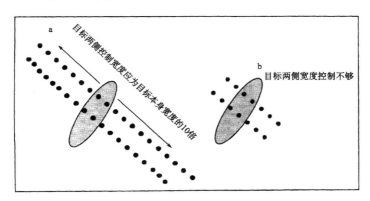

图 3-8 追踪地球物理异常的土壤地球化学样品布置示意图
a 表示异常带两侧的控制宽度应为异常本身宽度的 10 倍;
b 说明异常两侧控制宽度不够,有可能难以圈定异常

土壤取样的工具是鹤嘴锄或土钻等,采集的土壤样品装在牛皮纸样袋中,样品干燥后筛分至 80 网目(0.2mm),并收集 20~50g 样品进行分析。

取样土壤的主要类型包括:①残积的和经过搬运的土壤;②成熟的和尚在发育的土壤;③分带性和非分带性的土壤;④上述过渡类型的土壤。

图 3-9 代表分带型土壤中的一个典型剖面,并说明在四种气候环境中剖面可能发生的某些变化。在温带气候并具有正常植被的条件下,在树叶腐殖层之下是一层富含腐殖质和植物根须的黑色土层,称为 A₁ 层;该层底部常常发育一个淋滤

亚层,颜色呈灰色至白色,称为 A_2 层,该亚层的金属元素已被淋失。A 层之下是一个褐色至深棕色的土层,称为 B 层,该层趋向于富集由地下水从下部带上来以及从上部 A 层淋滤下来的金属离子,土壤测量通常是在 B 层采样。如 B 层缺失,可以选择其他层作取样层,但必须保证每个样品都是取自同一层位。B 层之下的土层颜色一般为灰色,称为 C 层,该层土壤可能直接派生于风化的基岩,因而向下岩石碎块越来越多直至为基岩。这类地区的土壤剖面可以反映出母岩中存在的矿化,因而土壤取样是一种很有效的勘查方法。

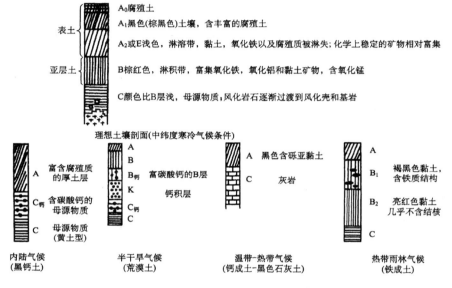

图 3-9　分带性土壤剖面,说明主要的土壤分层特征

在一些地区,要对剖面重要部位的各层土壤都进行取样,目的是要确定近矿体剖面的特征。在这种近矿土壤剖面中,从 B 层到 C 层金属含量表现为增高或保持稳定;在距矿体更远的部位所采的样品中,B 层中的基本金属含量一般更为富集。在温带地区,通常在富腐殖质的 A 层更容易检测到金。此外,最顶部的森林腐殖土层起着圈闭由植被从基岩和土壤中聚集起来的活动元素的作用,有时把它作为取样介质可以收到明显效果,尤其在亚高山地带,那里的矿物土壤层(A、B、C 层)实际上是派生于被搬运了的崩积物和冰川碎屑物。

在潮湿炎热的热带地区,原地风化作用可能导致与上述特征不同的红土层,只要认识到当地土层的特征,土壤取样效果仍然会比较好。然而,在干旱地区,由于没有足够的地下水渗滤,难以把金属离子迁移到地表,因而,一般的土壤取样方法可能失效。

并不是所有的土壤都是简单的基岩风化的残积物。例如,它们可能是通过重力作用、风力作用或雨水营力从来源区横向搬运了一定的距离。这些土壤可能是具有长期演化历史的地貌的一部分,其演化历史可能包括了潜水面的变化以及元素富集和亏损的地球化学循环。为了足以能够解释土壤地球化学测量的结果,需要对其所在的风化壳有所认识。对于复杂的风化壳,有必要在设计土壤地球化学测量之前进行地质填图和解释,以便确定适合于土壤地球化学取样的区域。

在我国西部、北部干旱荒漠戈壁残山景观、半干旱中低山丘陵景观、干旱半干旱高寒山区景观、高寒湖沼丘陵景观等景观区应注意克服或避免风成砂或风积黄土的干扰;在东北森林沼泽景观区土壤测量应避免有机质和黏土层的干扰。有风成沙和有机质及黏土层干扰的景观区,土壤测量应在 C 层(残积层)取样。

由于费用相对较高,土壤地球化学取样一般应在已确定的远景区内进行比较详细的勘查时使用,主要用于圈定钻探靶区。

3.2.3　岩石地球化学取样法

岩石取样法广泛应用于基岩出露的地区。就取样位置选择而论,岩石采样是最灵活的方法,它可以在露头上,或坑道内,或岩心中采集。在细粒岩石中,一个样品一般采集 500g;在极粗粒岩石中,样品重量可达 2kg。

样品可以分别是新鲜岩石或风化岩石,由于风化岩石和新鲜岩石的化学成分有所不同,因而不能将这两类样品混合,否则将会难以对观测结果进行合理的解释或得出错误的结论。

与其他地球化学方法比较,岩石地球化学勘查具有几个优点:①局部取样,所获信息直接与原生晕有关,还可以利用岩石地球化学取样建立矿床的元素分带模型,如图 3-10 所示;大范围的取样,所获信息可直接与成矿省或矿田联系起来;②岩石取样的地质意义是直接的,采样时要注意构造、岩石类型、矿化和围岩蚀变等现象;③岩石样品不像土壤和水系沉积物样品那样容易被外来物质污染,而且,岩石样品可以较长期保存用来以后检验。当然,污染是相对的而不是绝对的,即使是最干净的露头,在某种程度上也已经发生了淋滤和重组合现象。

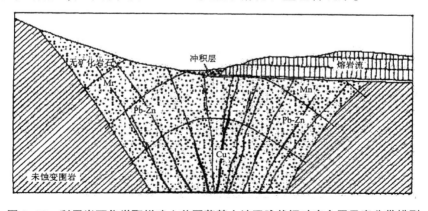

图 3-10　利用岩石化学取样建立美国落基山地区脉状铜矿床金属元素分带模型

岩石取样法也有一些明显的限制。例如,①采样位置受露头发育程度的制约;②岩石样品仅代表采样位置的条件,比较而言,河流沉积物样品代表整个汇水区内的条件;③在有明显矿化出露的部位所采样品显然不能代表围岩晕,一般的解决办法是取两个样品,一个采自矿化带内,一个取自附近未矿化的岩石中,用以获得金属比值的信息;④岩石样品只能在实验室内分析,而土壤、水系沉积物和水化学样品不需磨碎,并可直接在野外用比色法分析,用以立即追踪更明显的异常。

由于岩石测量的采样工作和样品加工等方面的工作效率较低,成本较高,因而很少在大范围内开展面积性岩石测量。一般应根据其工作目的有针对性地布置采样工作。具体工作如下:

(1)为了查明水系或土壤异常浓集中心的确切位置,可在略大于异常的范围内布置几条剖面线进行岩石采样;

(2)为了查明构造带的含矿性,可布置若干条垂直于构造带的短测线采集岩石样品;

(3)为了查明是否存在新的含矿层位,可布置几条垂直于地层走向的长测线进行岩石采样;

(4)为了评价岩体的含矿性,可在测区内的几种典型岩体中各采集数十个岩石样品等。

3.3　矿产地球化学勘查的工作程序和要求

矿产勘查的各阶段都可应用地球化学测量技术。在区域范围内(数百甚至数千平方千米的地区)地质资料缺乏的情况下,以稀疏的取样密度采集河流沉积物样品以查明具有勘查潜力的地区;在比例尺更大的地区,配合地质或地球物理测量,以更密的取样网度覆盖较小的地区(一般是几平方千米)。地球化学异常指导勘查潜在的矿床,缺乏异常有助于确定无矿地区,但实际工作中应慎重,因为没有查明地球化学异常并不能否定矿床的存在。

区域地球化学勘查属于中小比例尺的地球化学扫面工作,矿产地球化学勘查则属中大比例尺地球化学勘查,后者还可进一步划分为地球化学普查(比例尺为1∶5万~1∶2.5万)和地球化学详查(比例尺为1∶1万~1∶5000)。

2.3.1　矿产地球化学勘查区的选择

矿产地球化学勘查以发现和圈定具有一定规模的成矿远景区和中大型规模以上矿床为目的,因而,正确选准靶区是矿产地球化学勘查的关键。矿产地球化学勘查选区一般是根据区域地球化学勘查圈定的区域性或局部性地球化学异常,或者是配合地质、地球物理方法综合圈定钻探靶区。

地球化学普查区工作面积一般为数十至上百平方千米,主要采取逐步缩小靶区的方式,以现场测试手段为指导,对新发现或新分解的异常源区进行追踪查证。地球化学详查区主要布置在局部异常区或成矿有利地段,工作面积一般为 $1km^2$ 至数十平方千米,主要采用现场测试手段,查明矿床赋存位置及远景规模。

3.3.2　测区资料收集

全面收集测区有关地质、遥感、地球物理、地球化学等方面的资料,详细了解以往地质工作程度,并对资料进行综合分析整理,对勘查靶区进行充分论证,利用试点测量选择最适合测区的地球化学勘查方法或方法组合。

在水系或残坡积土壤发育的地区,地球化学普查一般是在区域地球化学圈定的异常范围内采用相同方法进行加密测量;地球化学详查则是在地球化学普查圈定的异常区内沿用大致相同的方法技术加密勘查。而在我国西部干旱荒漠地区或寒冷冰川地区以及东部运积物覆盖区,则需要进行技术方法的有效性试验。

确定所要分析研究的元素(靶元素、探途元素)、测试要求的灵敏度和精度等。这些选择是根据成本、已知的或推测的地质条件、实验室设备等因素,此外,最重要的是考虑方法试验或者类似地区的经验。一般来说,地球化学普查的分析指标为几种至十几种,详查范围更接近目标,分析指标以几种为宜。

根据试点测量获得的结果进行地球化学勘查项目设计,设计方案需要回答下述重要问题:

(1)采用何种采样方法?这个问题的答案很简单,因为根据方法性试验结果的解释,地球化学工作人员能够确定哪一种取样方法最经济而且最有效地圈定矿化异常区。

(2)如何确定最佳采样点位的布置形式(如河流沉积物地球化学测量是按照设定的间距进行采样或者土壤和岩石地球化学测量是按照事先确定的网格进行采样)?这个问题的答案在于所选定用作化学分析的样品(如土壤、岩石、河流沉积物或河流水样)能否给出最佳衬值。

(3)如何确定采样间距?这一问题的答案要求化探工作人员了解地球化学测量的目的,如果目的是要在全国范围或区域范围内圈定矿化异常区,那么,采样间距可以在数千米之间;如果目的是在某个确定局域内圈出具体矿体位置,那么,采样间距可能在数十米之间(采样间距的确定可参考相应的地球化学勘查规范)。之所以区域地球化学勘查项目和局部范围的地球化学勘查项目采样间距相差如此之大,是因为区域化探项目旨在圈定潜在矿化的大范围靶区,而局域化探项目的目的是要在相对较小的范围内确定具体的矿化构造。

(4)采用哪一种实验室分析方法?这一问题的答案仍然是来自于方法性试验结果,因为在方法性试验过程中要对各种实验室分析方法进行检验。

化探人员设计出能够回答上述所有问题的勘查方案后,即可按要求到实地进行采样。

野外取样时,要在部分样品点采集少量深部样品进行比较,以使样品更具可靠性并对污染等情况做出评价。

3.3.3　矿产地球化学勘查中常用的测试技术

野外现场测试技术主要使用比色法。这种方法最一般的是用二硫腙(一种能与各种金属形成有色化合物的试剂),通过改变 pH 或加入络合剂,可以分别检测出样品中所含的金属,主要是铜、铅、锌等;具体操作是把试管中的颜色与一种标准色进行对比,并以 ppm 为单位换算出近似值。因为只有在土壤或河流沉积物样品中呈吸附状态的金属或冷提取金属才能被释放到试液中,所以,比色法实际上只能测出样品中全部金属含量的一小部分(5%~20%)。因此,这种测试方法灵敏度和精度都很低,而且所能测试的元素有限,但是,利用它能初步筛选出具有潜在意义的地区。

实验室内分析测试技术种类很多,为了选择合适的分析测试手段,化验人员与地质人员应充分协商。选用分析测试手段需要考虑的因素是成本、定量或半定量、所需测定的元素数目以及它们表现的富集水平和要求的灵敏度等。在地球化学样品中,如含有多种具潜在意义的组分时,可能需要考虑采用几种方法测定。

低成本的基本金属地球化学分析方法通常是将重量约 1g 的样品利用强酸溶解,这种酸性溶液中含有样品中的大部分基本金属,然后采用原子吸收光谱(又称为原子吸收分光光度计,简称 AAS),虽然它一次只限定测试一种元素,但它能测定大约 40 种元素,而且灵敏度和精度都很高;它还具有成本较低、速度快、操作相对简单等优点。石墨炉原子吸收分光光度计(GFAAS)可用于分析诸如 Au、Pt 元素以及 Ti 之类的低丰度值元素。

发射光谱分析尤其在俄罗斯应用广泛,它适用于同时对大量元素(这些元素的富集水平可以变化很大,而且可以是不同的化学组合)作半定量分析。一种较昂贵的新型仪器——电感耦合等离子光谱(ICP-MS),具有发射光谱系统的多元素测定能力,灵敏度相当高,而且经济。

岩石和土壤中的贵金属可采用火法试金分析,其优点是可以利用重量相对较大的分析样品(大约为 30g),重量较大的测试样品有助于降低"块金效应",从而能够获得更好的分析精度。

中子活化分析是一种灵敏度高、能准确测试地球化学样品的仪器和方法,尤其是测定金的灵敏度很高,它广泛用于测定生物地球化学样品和森林腐殖土样品中所含的金以及常见的探途元素。作为一种非破坏性方法,它能提供同时或重复测试各种元素的手段。

实验室比色法类似于野外比色法,但它能得益于进一步的样品制备和更周密的控制条件。虽然较其他测试方法精度低,但成本也低,因此,仍被广泛用于测定钨、钼、钛、磷等元素。

地球化学样品分析不必刻意追求测试结果的准确性,因为我们利用地球化学勘查的主要目的是了解靶区内相关元素的分布形式而不是这些元素的绝对含量,何况重量仅为 lg 的分析样品也难以完全代表原始样品。正因为如此,地球化学分析结果只作为矿化显示而不宜看作为矿化的绝对度量。

一般诸如铁、铝和钙之类的元素以质量分数为单位进行测定;锌、铜和镍之类的元素以 ppm 为单位测定;金和铂族元素则以 ppb 为单位测定。锌、铜和镍等元素的异常值可以在 100ppm 至数千 ppm 变化;砷、铅和锑在数十 ppm 至数百 ppm;银的异常值可以达到 3ppm 至数百 ppm;而对于金而言,其值在 15～20ppb 即可能成为异常值,但在一些重要区域可能达到 100ppb 或更高。

地球化学分析技术的发展主要反映在分析范围的增加和元素检出限的降低,如痕量金的检出限已达到 1ppb。

3.3.4　地球化学勘查的野外记录

地球化学技术在矿产勘查中之所以重要,是由于化探样品的收集很迅速,其大量的数据可用于研究元素分布模型和趋势变化。但是,如果只采样而无记录,其后果可能像采样不当或样品分析测试不正确那样容易出现错误。野外记录是取样过程的一个重要组成部分,要经常培训取样人员,提高取样人员的素质,以使取样保质、保量。

野外工作中对每一个采样点进行详细地质观察和描述是非常重要的,因为这些信息在数据解释阶段将会是十分有用的。在土壤测量中,应当记录下采样层位、厚度、颜色、土壤结构等;若有塌陷、有机质存在、土壤已经搬运以及含岩石碎屑或有可能已被污染等迹象,也应当记录下来。采样位置除必须准确地在图上标定出来外,最好能在现场上做标记,便于以后复查。

对河流沉积物的采样,要记录采样点与活动性河床的相对位置、河流规模和流量、河道纵剖面(陡或缓)、附近露头的性质、有机质含量、可能的污染来源等。

岩石样品有特殊的地质含义,记录中应包括尽可能多的岩石类型、围岩蚀变、矿化以及裂隙发育程度等方面的信息。为了加快记录速度,可设计一种便于计算机处理的野外记录卡片。

所采集的样品应仔细包装编号并及时送实验室进行制备和化学分析。地球化学人员应该意识到分析过程中可能出现的问题,从而应该设计一个用于检验分析数据质量的方案。需要记住一点的是,即使是最好的实验室也可能出错。

3.3.5　地球化学勘查数据的处理

地球化学勘查数据处理是地球化学勘查的一个重要组成部分。地球化学原理告诉我们,不同的取样介质、不同的采样方案,以及不同的化学分析手段都有可能产生不同的背景水平和异常含量。因此,利用不同取样介质或相同取样介质不同取样方案获得的数据混合处理后所圈定的异常区是不可靠的,实际工作中应该分别进行处理。

　　地球化学勘查的主要目的是圈定进一步工作的靶区,因而,通常是利用图形的方式表达地球化学勘查结果,凸显地球化学异常区。最常用的地球化学图件是投点图,即把单个元素或一组紧密相关元素的测试结果投在地质图或地形图上。在一些地球化学图(尤其是河流沉积物取样分布图)上是用圆圈的大小或其他符号表示样品点上元素分析值所在的区间,然后圈定异常区。如果数据点比较均匀,可以作等值线图来表示,重要元素之间的比值,如铜/钼、银/锌等值,也可投在图上并绘制等值线图;等值线图的缺点在于有时候图上呈现出仅仅只根据一两个样品而圈出的多个封闭等值线区域,尤其是在区域地球化学勘查中、样品分布很不规则的情况下这种现象更为常见。多变量数据常常需要研究变量之间的相关性,两个变量常常采用散点图的图形方法研究其相关性,由于微量元素的含量一般呈正偏斜分布,作图之前最好先对数据进行对数转换。其他用几何表示方式的还有曲线图、直方图等。

　　根据《多目标区域地球化学调查规范》(DD2005—01)的规定,用以制作地球化学图的数据,采用表3-3所示的间隔划分色区,各色区内不同等量线间隔可用过渡色阶表示。若使用累积频率方法成图,推荐色区划分为小于1.5%区为深蓝、1.5%~小于15%为蓝、15%~小于25%为浅蓝、25%~大于等于75%为浅黄、大于75%~小于95%为淡红、95%~98.5%为深红、大于98.5%为深红褐。

表3-3　地球化学图色区划分及着色表

色区颜色及其可能代表的地球化学含义	元素含量区间	备注
深蓝(负异常区)	$<\bar{x}-2.5s$	
蓝(低背景区)	$\bar{x}-2.5s \sim \bar{x}-1.5s$	
浅蓝(中低背景区)	$\bar{x}-1.5s \sim \bar{x}-0.5s$	$\bar{x}$为数据集的平均值,S为标准差。若数据集呈正偏斜分布,则应采用几何平均值及相应的标准差
浅黄(背景区)	$\bar{x}-0.5s \sim \bar{x}+0.5s$	
淡红(中高背景区)	$\bar{x}+0.5s \sim \bar{x}+1.5s$	
深红(高背景区)	$\bar{x}+1.5s \sim \bar{x}+2.5s$	
深红褐(正异常区)	$>\bar{x}+2.5s$	

　　地球化学数据处理的数学方式主要是应用统计学方法解释地球化学数据集以及定义地球化学异常,但在实际应用过程中应谨慎,因为地球化学数据集具有自身的特征。例如,地球化学数据集往往是多元数据集、相邻样品之间存在空间相关性,以及由于取样和分析过程的误差致使数据精度不高等。

　　一元统计方法可用于组织和提取一个元素数据集中的信息,通常是利用频率直方图、累积频率图,以及盒须图等方式了解数据集的分布形状(对称分布还是偏斜分布、单峰还是多峰等)、中心位置、离散程度,以及异元值(outliers)等特征。

一个地球化学数据集常常可能来自多个总体(图 3-11)。例如,从不同介质或者是派生于不同主岩的相同介质中采集的样本都会含有多个总体,每个总体都有各自的异常下限;进一步说,由异常值构成的异常与背景也是分属于不同的总体。

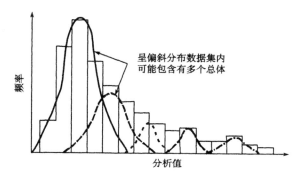

呈偏斜分布数据集内
可能包含有多个总体

频率

分析值

图 3-11　呈正偏斜分布的数据集频率直方图,可能包含多个总体

地球化学异常一般采用多元素的异常形式来表达,这是因为不同的矿床类型通常都有特殊的靶元素和探途元素组合。多元统计方法主要用于评价多元数据集中变量之间的关系,如相关分析、聚类分析、判别分析以及因子分析等。

由于气候条件、地质条件,以及地形条件的变化,对于地球化学数据的解释既要求良好的数据质量,还要求地质人员或地球化学人员具备一定的数据处理技巧和经验。数据的统计处理和地质评价,应注意充分挖掘和利用所获得的数据,采用多种方法进行处理,结合地质和地球物理资料对地球化学异常进行评价。

3.3.6　地球化学异常的证实

寻求所研究元素的异常值是地球化学勘查的主要目的,最好是能够利用试点测量确定异常下限。在没有进行试点测量的情况下,可以利用项目完成后获得的数据集确定(见 3.1.2 节)。需要强调的是,异常下限的设定应有一定的灵活性。例如,根据图 3-4 中定义的异常下限为 80ppmCu,但是考虑到取样、样品加工,以及化学分析过程中都存在误差,更为稳妥的做法是将异常下限上调至 100ppmCu;此外,在鉴别异常值时还应考虑样品所在的空间位置。

地球化学人员需要注意排除研究化学元素的异常值来源于地表诸如古冶炼遗址或人工废物之类的污染源的可能性;同时还需要查证所研究的化学元素异常是否是由岩石中元素的非经济含量或是由其他因素引起的。换句话说,地球化学人员应当寻求对所研究化学元素的所有地球化学异常值进行的合理解释,如果根据野外观察不能确认现有的解释,那么就有必要再去实地对不能解释的地球化学异常值进行实地查证。

　　为证实显著的地球化学异常,要在地球化学异常区内采用较密的间距和增加地球化学手段进行取样分析。

　　多次取样和补充分析是很重要的,像地球物理勘查一样,地球化学勘查是把异常与矿体的概念模型联系起来,而且,初步钻探验证可能改变整个模型。

3.4　异常查证

　　在矿产勘查的不同阶段中,通常需要相应地对地球物理和地球化学圈出的异常进行筛选,优选出最具代表性的异常,进行异常查证,目的是查明异常源,对异常的地质找矿意义做出评价,提出进一步工作建议。

3.4.1　异常的筛选

　　首先对工作区范围内已有的各种资料(物、化、矿产、地质、遥感等)进行综合整理及必要的数据处理,从中提取与找矿有关的异常信息,编制相应的异常图件和建立异常(矿点)卡片,以提供一整套系统的找矿信息和矿产资料。然后以综合方法推导成果图件为基础,对所圈定的化探异常、重砂异常、伽马能谱测量异常和航磁、重力异常以及遥感菱环构造异常等进行分类和排序。由于综合方法推断成果图件的综合性强,可使异常分类的依据更为充分,并且对异常所处的地质环境的了解、目标识别准则和发现标志的确定以及地质找矿意义的判断更为深入,因而分类结果更为客观。

3.4.2　异常查证的工作方法

　　在对异常排序的基础上,及时挑选部分认为最有找矿远景的异常进行查证,是查明异常的地质起因和对异常的找矿意义做出评价的重要举措。

　　异常查证工作按查证的详细程度可分为三个等级即踏勘检查(三级查证)、详细检查(二级查证)、工程验证(一级查证)。它们的查证任务和查证要求及考核标准见表3-4。

表 3-4　异常查证任务、要求及考核标准表

查证级别	查证任务	查证要求	考核标准
踏勘检查（三级查证）	①证实异常是否存在；②进一步确定异常的确切位置；③了解异常所处的环境；④初步查明由浅部地质体引起异常的起因,对异常的找矿远景作出初步评价,提出是否进一步工作的具体意见	①应大致确定异常的范围,至少有三条物探、化探剖面反映异常；②查证方法以原方法为主,并可适当选择其他方法。物探异常要作必要的化探工作；物探、化探异常都应进行地质剖面测量工作；③对浅覆盖区内有找矿意义的异常,应进行少量的槽探揭露；④检查结束后,应提交查证工作简报,提出是否详细检查的建议	全面检查是否符合本阶段的查证要求。重点考核:①初步查明了由浅部地质体引起异常的起因；②对异常的找矿意义作出了有依据的评价
详细检查（二级查证）	①详细圈定异常范围；②详细了解异常区的地质、地球物理和地球化学特征；③对异常的找矿意义做出评价；④对有找矿意义的异常提出工程查证的具体建议	①应做大比例尺的面积性物探、化探工作,工区大小应以能完整反映主要异常形态为准；测网密度应以能充分反映异常的主要细节为原则；②应测地质、物探、化探的典型剖面,测制地质草图；③对浅覆盖区有找矿意义的异常应进行一定量的山地工程,揭露浅部异常体；④对需要进行钻探验证的异常,要进行定量、半定量的推断,提出异常验证方案及验证建议书。提出异常检查报告	全面检查是否符合本阶段的查证要求,重点考核:①在确定异常起因方面提供了更充分的依据；②对建议验证的异常源形态和参数做出了较为可靠的推断

查证级别	查证任务	查证要求	考核标准
工程验证（一级查证）	①查明由地下地质因素引起异常的地质起因，或查明矿化向深部延伸的变化情况，大致了解矿化规模、产状、分布特征；②提出可否作为进一步开展地质矿产评价的具体意见	①实施合理、有效的验证工程；②对钻孔必须进行井中物探、化探工作；③查证过程中应有物探、化探配合，以便及时调整验证工程和做补充性物探、化探工作；④查证结束后，应提出是否进行地质普查的意见，提高查证报告	全面检查是否符合本阶段的查证要求，重点考核：①工程中见到了异常源；②对异常的找矿价值做出了有依据的评价

资料来源：孙文珂等，1994

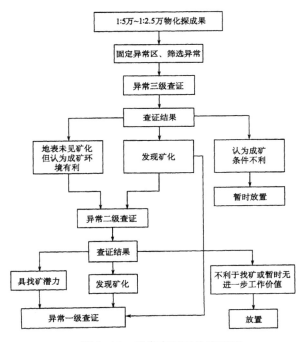

图 3-12　异常查证工作流程图

异常查证的工作流程如图 3-12 所示。一般应遵循先三级、后二级、再一级查证的顺序，不宜跳跃（特殊情况下可跨越）；而且应在逐级筛选的基础上进行异常查证工作，即通过初步筛选确定三级查证异常，二级查证异常则在三级查证后的异常中筛选，一级查证的异常又在二级查证后的异常中筛选。

　　在开展异常查证工作前需编写设计书,工作结束后应编写异常查证报告,即踏勘结束后应提交工作简报、详细检查结束后应提交异常检查报告,工程验证结束后应提交验证成果报告。

第4章 探矿工程勘查技术

地质、地球物理、地球化学以及遥感等勘查技术都能从不同方面提供发现矿床所需的资料,这些资料是非常重要的,然而,它们一般都具有多解性的特点。虽然通过综合运用上述技术可以互相补充、互为印证,消除多解性,建立起比较符合实际情况的地质图像或概念,但是,其真实性最终仍有待探矿工程技术来证实。由系统布置的探矿工程勘查网能提供矿化远景区内的地质及矿石含量的三维图像。

探矿工程勘查技术包括坑探和钻探两大类。钻探是目前地质勘查中运用最多的技术手段。

4.1 坑探工程

坑探工程简称坑探,是在地表和地下岩石或矿体中挖掘不同类型的坑道,以了解地质和矿化情况。它可以分为地表坑探工程(过去有人称为轻型山地工程)和地下坑探工程(又称为重型山地工程)两种。地表坑探一般采用人工挖掘,不需照明、通风、动力等设备,包括剥土、探槽和浅井,主要用于揭露基岩、地质界线、接触关系和矿化带等,以了解其特征和延展情况;而地下坑探由于是在地下较深处的岩石或矿体中掘进,因此,生产技术较复杂,需要动力、照明、支护、通风、排水等一系列设备,主要用于勘探形态复杂、有益组分变化大和经济价值高的矿床,如稀有金属、贵金属,金刚石、水晶、宝石等。对于各类大型矿床,即使矿体形态比较规则、有益组分变化不大,为了提高控制程度或者为了检查钻孔质量以及专门采取技术样品和技术加工样品,同样需要使用(或部分使用)坑探工程。

坑探的特点是地质人员可以进入工程内部,对所揭露的地质及矿化现象进行直接观测和采样,能够获得比较精确的地质资料。因而,利用坑探工程探明的资源储量具有较高的精度,可以用于检验钻探和物化探资料或成果的可靠程度。由于地下坑探工程,尤其是竖井和斜井,要求设备多、施工速度慢、成本高,所以选用这类工程时一定要切合实际,权衡好各方面的因素。

4.1.1 地表坑探工程

1. 探槽

探槽(trenching)是指勘查工作中为揭露基岩或矿化体,在地表挖掘的一种深度不超过3m的沟槽。一般要求探槽槽底深入基岩0.3m、底宽0.6m左右,其长度及方向则取决于地质要求,通常是按一定的间距垂直所要探明的地质体或矿化体布置。按其作用的不同分为主干探槽和辅助探槽。

　　主干探槽布置在勘查区的主要地质剖面上,要求尽量垂直于矿化带或构造带以及围岩的走向,目的是研究地层剖面和构造规律以及控制矿化体的分布等。辅助探槽是加密于主干探槽之间的短槽,用于揭露矿体或其他地质体界线。关于探槽原始地质编录的技术要求请感兴趣的读者参见中国地质调查局 2006 年颁发的《固体矿产勘查原始地质编录规程(试行)》规范中的相关内容。

　　探槽主要适用于揭露、追索和圈定近地表的矿化体或其他地质界线,一般要求覆盖层的厚度不超过 3m。由于探槽施工简便、成本较低,因而在矿产勘查中广泛应用。

　　2. 浅井

　　浅井(pitting)是从地面铅垂向下掘进的一种深度和断面都较小的勘查竖井。其断面形状一般为正方形或矩形,断面形状为圆形的浅井又称为小圆井。断面面积为 $1.2 \sim 2.2 m^2$,深度不超过 20m,一般为 $5 \sim 10m$。

　　浅井可用于砂矿床与风化壳型矿床的勘查或用于揭露松散层掩盖下的近地表的矿化体。浅井施工的难度和成本比探槽要高,因而,如果不采集大样的话,可用轻便取样钻机代替部分浅井。

4.1.2　地下坑探工程

　　1. 平硐

　　平硐(adit)又称平窿,是按一定规格从地表向山体内部掘进的、一端直通地表的水平坑道(图 4-1)。两端都直接通达地表的水平巷道称为隧洞或隧道。平硐的形状一般为梯形或拱形,是人员进出、运输、通风及排水的通道。在勘查中常用于揭露、追索和研究矿体。与竖井和斜井比较,平硐的优点是施工简便、运输及排水容易、掘进速度快、成本较低等,因此,在地形有利的情况下应优先采用平硐勘查。

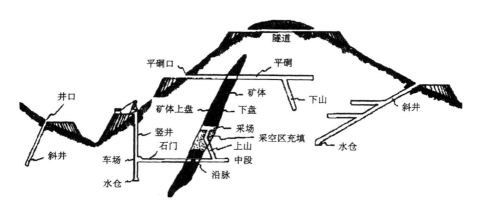

图 4-1　地下坑探工程示意图

2. 石门

石门（crosscut）是指从竖井（或盲竖井）或斜井（或盲斜井）下部掘进的地表无直接出口且与矿体走向垂直的地下水平巷道。由于它是穿过围岩的巷道，故称为石门，一般用作连接竖井或斜井与主要运输巷道（沿脉）的主要通道、揭露含矿岩系的地质剖面，以及追索被断层错失的矿体等。

3. 沿脉

沿脉（drift）是指在矿体中或在其下盘围岩中沿矿体走向掘进的地下水平巷道。沿脉无地表直接出口，一般通过石门与竖井或斜井井筒连接。布置在矿体内的沿脉称脉内沿脉，布置在围岩中的沿脉称脉外沿脉或石巷，采用哪一种沿脉应根据矿体地质特征和生产要求而定。

在勘查项目中，主要利用沿脉来了解矿体沿走向的变化情况，沿脉还可供行人、运输、排水和通风之用。

4. 穿脉

穿脉（cross-cuts）是指垂直矿体走向掘进并穿过矿体的地下水平巷道。在勘查中穿脉主要用于揭露矿体厚度、了解矿石组分和品位的变化，以及查明矿体与围岩的接触关系等，其长度取决于矿体厚度以及平行分布的矿体数。

由沿脉、穿脉、石门等地下平巷配合，构成了控制矿体分布的水平断面，这种水平断面称为水平（level），通常以所在标高来编号，如 0m 水平、−50m 水平等，有时也以从上往下按顺序编号，如第一水平、第二水平等。相邻水平之间的阶段称为中段，某一水平标高以上的那个中段称为某标高中段，中段上下相邻水平坑道底板之间的垂直距离（或高差）称为中段高度。

5. 竖井

竖井（shaft）是指直通地表且深度和断面较大的垂直坑探工程。竖井是进入地下的一种主要通道，按用途可分为勘探竖井和采矿竖井，后者又分主井、副井、通风井等。竖井一般在地形比较平坦的地区采用。勘探竖井断面常为矩形，深度一般在 20m 以上。由于开掘竖井技术复杂、成本高，一般不得随意施工。竖井设计须与矿山设计部门共同商定，以便开采时利用。

6. 斜井

斜井（inclined shaft）是以一定角度（一般不超过 35°）和方向，从地表向地下掘进的倾斜坑道，它也是进入地下的一种主要通道。地表没有直接出口的斜井称为盲斜井或暗斜井。斜井的设计与施工也须与矿山设计部门共同商定。

4.1.3　地下坑探工程的地质设计

地下坑探工程地质设计的内容包括：坑道勘查系统的选择、勘探中段的划分、坑口位置的确定、坑道工程的布置,以及设计书的编写等。由于地下坑探工程施工技术复杂、工程量大、投资费用高,设计时必须具有充分的地质依据和明确的目的,坑道的布置必须考虑为今后矿床开采时所利用,因而要提出多个设计方案进行地质效果和经济效果的比较和论证,抉择最优方案。

1. 坑道勘查系统的选择

坑道勘查系统可分为平硐系统、斜井系统以及竖井系统,分别适用于不同的条件。因此,应用时须根据矿床所在的地形地质条件,如地形、矿体产状、围岩性质等进行合理选择。原则上要求所选坑道勘查系统既能达到最佳勘查效果,又能实现经济、安全、施工方便,并且所设计的坑道能够为今后矿山开发所利用。

2. 勘探中段的划分

一般是以主矿体地表露头的最高标高为起点,根据所确定勘查类型或采用其他方法确定的中段高度或其整数倍。一般厚大矿体,急倾斜时,中段高为 50 ~ 60m;厚度不大的急倾斜矿体,中段高为 30 ~ 40m;缓倾斜矿体中段高为 25 ~ 30m。向下依次确定各勘探中段的标高(此为在水平上布置水平巷道腰线的标高),并在设计剖面图或矿体垂直纵投影图上标绘出各水平的标高线,以便布置坑探工程。同一矿区不同地段的水平标高应当一致,同一水平上各水平巷道的腰线标高误差不得超过 3% ~ 5%。

3. 坑口位置的选择

平硐和斜井坑口应有比较开阔的场地,以便建筑附属厂房以及堆放废石,并且要求岩层比较稳固、坑口标高必须高于历年最大洪水水位。坑口最好能位于坑探系统的中部,使主巷两翼的运输和通风距离大致相等。

布置竖井时要求:

(1)井筒应布置在矿体下盘,而且必须位于开采后形成的地表移动带范围之外,以确保井筒的安全以及避免因维护井筒而保留大量的矿柱;

(2)井筒应避开构造破碎带和厚度大而又非常坚硬的岩层(如花岗岩、石英岩等);

(3)井口标高必须高出历年洪水水位,井口附近地形条件良好,便于建筑、排水,以及堆放废石等;

(4)尽可能使石门长度达到最短。

4. 探矿坑道的布置

探矿坑道主要指沿脉和穿脉。沿脉坑道一般布置在主矿体内或其下盘,其设计长度大致与矿体一致或视需要而定;穿脉坑道应布置在相应的勘查线上,用于揭露矿体沿厚度方向的变化以及圈定次要矿体。

探矿坑道的布置是在相应水平的平面图上进行。如果深部有钻孔资料,可以根据设计地段的勘查线地质剖面编制水平地质平面图。当深部无钻孔资料时,则可根据勘查区大比例尺地质图,在设计地段按一定间距切制若干条地质剖面,剖面上地质界线及其产状按地表产状向下延伸到设计水平,然后编制水平地质预测平面图。

在水平地质平面图上坑道的布置可分为脉内沿脉系统和脉外沿脉系统。如果矿体厚度小于沿脉坑道的宽度,可以考虑采用脉内沿脉系统;如果矿体厚度大于沿脉坑道宽度,而且下盘围岩稳定,则可采用脉外沿脉系统,在沿脉中按一定间距布置穿脉。无论是脉内沿脉还是脉外沿脉系统,穿脉坑道的布置都必须与整个勘查系统相适应,便于资料的综合整理。探矿坑道设计好后,应在水平地质设计平面图以及勘查线设计剖面图上标出坑道的方位、坑道设计长度、断面规格、以及坡度等。

5. 坑探工程设计书的编写

凡地下坑探工程都应编写专门的设计书,对应用坑探工程的地质依据和必要性进行论证,对勘探系统的选择、水平标高及坑口位置的确定等进行评述,最后列表统计坑探工作量。设计书应附勘查区地形地质图、各中段地质(预测)平面图、有关设计剖面等图件。具体要求参见有关规范。坑道设计被批准后还应将坑道预计地质情况和水文地质情况等方面的资料送交施工部门,以保证施工安全。

6. 坑探的施工管理和编录要求

根据批准的坑探工程施工设计图,由地质人员与测绘人员共同到现场对工程进行实测定位。施工期间应定期对工程质量与工程量进行阶段验收,在预计有突水和涌水地段施工时应制定探水防水措施和预警方案,工程全部完工后应进行竣工验收。

中国地质调查局 2006 年颁发的《固体矿产勘查原始地质编录规程(试行)》(DD2006—01)规范中详细阐述了坑道原始地质编录操作方法及技术要求。

4.2　钻探方法

钻探是利用机械碎岩方式向地下岩层钻进的一种地质勘查方法,主要用于探明深部地质和矿体厚度、矿石质量、结构、构造情况,包括提供地下含水情况以及验证物、化探异常,寻找盲矿体等。钻探方法不仅广泛应用于矿产勘查,也是工程地质勘查中的最基本的勘查手段之一,通过钻探可以直接获取地下埋藏的岩石、土层、水、气、油等实物样品,并可在钻孔中进行各种测试。

4.2.1　主要的钻探方法

钻探按钻进方法分为冲击钻进、回转钻进、冲击回转钻进以及反循环钻进等;按钻进是否采取岩心,则分为取心钻进和不取岩心钻进。

1. 冲击钻进

这种钻进设备基本上是采用压缩空气驱动的锤击系统,重锤把一系列的短促冲击迅速地传递至钻杆或钻头,与此同时,传递一次回转运动,达到全面破碎钻孔孔底岩石的目的,这种钻进方法称为冲击钻进。钻进设备大小不一,小者如用于坑道掘进的风钻,大者可以安装在卡车上,能够以较大孔径钻进数百米的深度。

冲击钻进方法是一种快速而成本较低的方法,其最大的缺点是不能提供取样的精确位置,然而,其钻探费用只有金刚石钻探的 1/2~1/3。这种技术主要在勘探阶段用于加密钻探,获取化学分析样品以及确定矿化的连续性,尤其适合于斑岩铜矿的勘查。其钻进速度可达 1m/min,而且在一个 8h 的工作班内钻探进度有可能达到 150~200m。如果以这样一种进度并配置多台钻机,每天可获得数百个样品;以 10cm 的孔径计算,每钻进 1.5m 的孔深可以产生大约 30kg 的岩屑和岩粉,所以,要求与采样和样品的化学分析密切配合。像所有的压缩空气设备一样,这类钻机操作时噪声很大。

2. 回 转 钻 进

利用硬度高、强度大的研磨材料和切削工具,在一定压力下,以回转的形式来破碎岩石的钻进方法,称为回转钻进。按照钻进形式,回转钻进又可分为两类。

(1)孔底全面钻进:即在钻进过程中将孔底岩石全部破碎,钻下的岩屑通过冲洗液带至地表用作样品,不能取岩心。典型的回转钻头是三牙轮钻头,每小时以高达 100m 的速度钻进是可能的。这种类型的钻进方法一般用于石油勘查和开采,其钻孔孔径较大(大于 20cm)、钻孔深度可达数千米,需要使用昂贵的钻进泥浆,钻探设备比较笨重。

(2)孔底环状钻进:即以环状钻进工具破碎岩石,在钻孔中心部分留下一根柱状岩石(岩心),这种钻进方法称为岩心钻探。按照不同的方法,岩心钻探又进一步分为不同的钻进形式。

3. 冲击回转钻进

冲击回转钻进是冲击钻进和回转钻进相结合的一种方法,即是在钻头回转破碎岩石时,连续不断地施加一定频率的冲击动载荷,加上轴向静压力和回转力,使钻头回转切削岩石的同时还不断地承受冲击动载荷剪崩岩石,形成高效的复合破碎岩石的方法。根据冲击和回转的重要性大小,这种方法还可进一步分为冲击-回转钻进(即冲击频率较低、冲击功较大、转速较低)和回转-冲击钻进。

回转式空气冲击钻进(rotary air blast drilling,RAB)在澳大利亚矿产勘查初期阶段中是一种非常重要的勘查手段,据澳大利亚应用地球化学家协会 2006 年发行的第 130 号勘查通讯的报导,仅在 1996~1997 年,在西澳耶尔岗克拉通地区矿产勘查施工的 RAB 钻探总进尺达到 5000km;近 30 年来在耶尔岗地区发现的金矿床中,RAB 钻探在 90%的金矿床的发现过程中都起着关键作用。为什么 RAB 钻探在

澳大利亚矿产勘查中得到广泛应用,究其原因主要在于:

(1)澳大利亚大部分地区都分布着很厚的风化壳,采用钻探手段很容易穿过覆盖层进入到富含黏土矿物的氧化基岩内;而且现代潜水面一般都位于比较深的部位(通常为40~60m的深度水平),使得RAB钻探样品的采取率能够达到技术要求。

(2)RAB钻探成本比反循环钻探和金刚石钻探要低得多。根据2006年澳大利亚钻探公司承包的RAB钻探项目的基本钻探费用价格为:4.5~6.5澳元/m(RAB多刃钻头钻进)、8.5~12.5澳元/m(RAB风动往复式驱动锤冲击钻进)。RAB钻机售价也相对较低,钻机一般安装在四轮或六轮驱动的卡车上,载重10~15t,根据2006年的价格,澳大利亚生产的车载RAB钻机售价为40~60万美元(包括活动住房在内)。

(3)RAB钻机搬迁灵活轻便,钻进速度快(每小时进尺可达30~40m,钻孔直径在9~11.5cm),适合于勘查初期阶段圈定异常或异常查证。

(4)澳大利亚劳动力成本相对较高,因而,采用人工开挖探槽和浅井揭穿浅部覆盖层并不是一种经济有效的最佳选择。

RAB钻机与露天矿山的爆破孔钻机(潜孔钻机)结构基本相似,所不同的是RAB钻机通常安装在卡车上而不是履带式的;既可采用硬质合金钻头旋转钻进(绝大多数情况下采用这种钻进方式),也可采用风动往复式驱动锤冲击钻进(适应于钻进诸如硅质胶结砾岩、石英脉、燧石层以及硅铁建造等坚硬岩层)。RAB钻进取样的原理是将压缩空气(压力高达17.5~24.5kg/cm^2)从钻杆内部向下注入,通过钻头沿钻杆和孔壁之间返回地面,钻下的岩屑随之携带至地表,按采样要求收集。

4. 反循环钻进

反循环钻进是指钻井液介质从钻杆与孔壁之间或从双壁钻杆间隙进入孔底,将岩屑或岩心经钻杆柱内携带至地面。钻进液介质可以是清水、泥浆、空气或气液混合。

反循环钻进方法既可用于钻进未固结的沉积物(如砂矿床钻探),也可用于钻进岩石;采取的样品既可是岩屑,也可为岩心。尤其适合于斑岩型铜矿和以沉积岩为主岩的金矿床(卡林型金矿床)。

这种钻进方法的优点是钻进速度快(每小时钻进深度可达40m)、样品采取率高(可达100%)而且样品几乎不受到污染。由于采用了专用钻杆、需要空气压缩机和其他附加设备等,其钻探成本较高,然而,其采样质量也较高。一些反循环钻进具有取岩屑和岩心双重功能,因此,在钻进过程中可以考虑在重要部位时采用高质量的岩心钻进而在不重要的部位采取岩屑钻进方式,这样实际上可以降低钻探总成本。

5.不取岩心钻进

一般是在勘探后期,对矿床地质情况已有相当了解,且地质情况简单,或为了查明远离矿体的围岩时采用。在钻进方式上的不同之处在于,它是从钻孔中取出岩屑、岩粉,再配合电测井以确定钻孔中各岩性的位置和厚度。但在见矿部位,一般仍要取岩心。在勘探石油、天然气时,较多采用地球物理测井技术,目前在勘探固体矿床中,也日趋广泛采用。测井方法主要有以下几种。

(1)磁测井:主要用于协助查明钻孔附近由于矿体引起的磁性干扰。

(2)电磁测井:电磁性、电阻性和激发极化法能有效查明金属矿体,特别是能指示块状或浸染状硫化物矿床的存在。

(3)γ-射线能谱测量用于放射性矿床勘查。

(4)中子活化法用于测量孔壁中钼、铅、锌、金和银的含量。这一方法目前仍处于试验阶段,但由于它能直接测定某些金属含量,因此,今后定会有广阔的发展前景。

此外,地球物理测井技术不仅能应用于单孔,还可在钻孔之间以及钻孔和地面之间进行测量,从而对勘查目标进行三维解释。

进行钻探工作,需要如下几个方面:

(1)一套复杂的机械设备,如不同型号的钻机(带动力机)、水泵(带动力机)、钻塔、拧管机和照明发电机等,还得配钻杆、取心管以及各种其他工具等,特别是石油钻探更是庞杂;

(2)完整的施工规程;

(3)一支训练有素的工人队伍和具有组织指挥才能,兼有丰富的理论知识和技术才能及实践经验的高级工程师、工程师等人员组成。

过去,地质和探矿工程是一家,在转换机制后,探矿工程已独立成队或公司,但主要为地质服务的任务没有变,因此,在进行地质勘查中,地质人员和探矿工程部门应密切合作。

4.2.2 钻探方法的选择

选择合适的钻探技术或多种技术的结合需要考虑钻进速度、成本、所要求样品的质量、样品的体积以及环境因素等方面进行综合权衡。虽然冲击钻进方法只能提供相对较低水平的地质信息,但具有速度快、成本低的优点;金刚石钻进能为地质研究和地球化学分析提供最重要的样品,并且在任何开采深度范围内都可以利用这种技术获得样品,所获得的岩心能够进行精确的地质和构造观测,还可以提供无污染的化学分析样品,不过,金刚石钻进成本最高。矿产勘查中金刚石钻探方法应用最为广泛。

勘查项目的技术要求在选择钻探技术时起着重要作用。例如,如果勘查区地质复杂或者露头发育不良,而且没有明确圈定的目标(或者也许需要验证的目标太多)，因而，不可避免地需要采用金刚石钻进来提高对该地区地质认识的水平；在这种情况下，从金刚石钻进所获取的岩心中得到的地质信息有助于建立勘查目标概念或者是对地球物理/地球化学异常进行排序。同时，如果需要验证个别的、明确圈定的地表地球化学异常，其目的是要验证是否是浅部埋藏矿体的显示，那么，可以选用冲击钻或其他成本较低的钻进方法。

4.2.3　矿产勘查中钻探工程的主要目的

钻探是矿产勘查技术中一种最重要也是花费最高的技术。在几乎所有的情况下，都需要利用钻探技术对矿体进行定位和圈定。在各个勘查公司，投入靶区钻探的预算百分比提供了公司勘查业绩的度量；许多管理有方的成功的勘查公司认为，在一定期间内，平均至少应有40%的勘查经费用于靶区钻探。根据矿产勘查的目的，勘查钻孔可分为如下几类：

（1）普查钻孔。在区域勘查阶段，主要用于了解深部地层、岩性等的变化，尤其是在寻找层控矿床的地区。

（2）构造钻孔。主要用于区域勘查阶段，查明与矿床有关的地质构造。

（3）普通钻孔。在详查尤其是在勘探阶段中，用于查明矿化的连续性，即探明深部矿体的赋存状态、质量和数量等。普通钻孔一般都属于加密取样钻孔，一般不要求通过这类钻孔来了解更多的矿床地质特征的信息，故可采用成本较低的钻进方法。

（4）控制钻孔。用于圈定矿体边界和矿床的分布范围。重新钻探前，要注意充分利用已有的钻孔资料，因为许多成功的勘查项目往往始于对过去的钻井资料和岩心所作检查。美国亚利桑那州的克拉玛祖铜矿的发现就是一个极好的实例。

4.3　金刚石岩心钻探方法

金刚石岩心钻探是采用由镶嵌有细粒金刚石的钻头破碎岩石的一种钻探方法。金刚石具有极高的硬度和良好的强度，是迄今最有效的碎岩材料。由于人造金刚石及配套技术的发展，金刚石岩心钻探应用范围大为扩展，不仅能应用于坚硬地层而且能应用于硬、中硬及软地层，金刚石岩心钻探的发展推动了整个岩心钻探技术的发展，金刚石岩心钻探已成为矿产勘查最重要的钻探方法。

金刚石岩心钻探在发展中为适应不同岩层及不同地质勘查要求，发展了以金刚石及绳索取心钻进为主体的多工艺钻进，包括冲击回转钻进、受控定向钻进、反循环中心取样钻进、无岩心钻进等。

金刚石岩心钻探配套技术包括钻头、管材及工具、设备（钻机、泵、仪表等）、钻井液、钻进工艺、规程，以及标准等。

4.3.1　金刚石钻头

金刚石钻头按包镶形式分为表镶、孕镶、镶嵌体三类,分别适用于各类不同的地层。表镶金刚石钻头是在钻头胎体表面镶嵌天然单层金刚石(按每克拉金刚石的粒数进行分类);孕镶金刚石钻头是将细粒金刚石均匀分布在胎体工作层中,在钻进过程中金刚石与钻头胎体一起磨损,新的金刚石不断露出于唇面来切削破碎岩石;镶嵌体钻头是用复合片或聚晶体镶嵌在钻头胎体上。一般说来,镶有颗粒相对较大的表镶和孕镶型金刚石钻头适合于钻进较软的岩石(如灰岩),而镶嵌型钻头适合于坚硬的致密块状岩石(如燧石岩层)钻进。我国现在能制造不同岩层和不同用途的金刚石钻头,还能制造特殊钻头,如冲击回转钻头、打滑钻头、不提钻换钻头等,在金刚石钻头设计、制造和性能检查技术方面已跻身国际先进行列。

随着技术的发展,金刚石钻头将可以钻进任何岩石。但是由于金刚石钻进成本较高并且要使岩心钻进长度和岩心采取率达到最大而钻头磨损达到最小,因此,选择钻头要求具有相当丰富的经验和判断能力。用过的表镶金刚石钻头还具有金刚石回收利用的价值。

虽然我们希望钻取的岩心直径越大越好,但是小直径的岩心一般也是能够接受的,因为金刚石岩心钻探的成本随孔径的增大以及随钻进深度的增加而增高。同时,我们也要求最小的岩心直径不仅能够提供地下的地质信息,而且能够提供适合于化学分析或工程地质研究的样品。岩心直径可以直接用毫米表示,但更常见的是用代码分类。

4.3.2　岩心管

随着钻头的旋转运动钻取岩心,并且通过钻杆的推进迫使岩心向上进入岩心管。岩心管根据其所能容纳岩心的长度进行分类,岩心管一般长 1.5~3m,最长可达 6m。岩心管通常都是双管,其中的内岩心管不随钻杆运动,也不旋转,这样能够提高岩心采取率。在岩石较易破碎的情况下,还可以采用三管的岩心管。

过去,为了采取岩心,必须把钻孔内所有钻杆全部从孔中一根一根地提出地面,取完岩心后还得一根一根地放入孔内,再继续钻进,这是一个很费时间的过程。现在,采用绳索取心的方法,无需升降和拧卸钻杆,从而大大节省了时间和减轻了钻工的劳动强度。

所谓绳索取心钻进是指在钻探施工过程中提升岩心时不提升孔内钻杆柱,而是通过绞车和钢丝绳将打捞器放到孔底,将容纳岩心的内管连同岩心一起提至地面,取出岩心后再将空的内管投放孔内,继续钻进。而且,新近发展起来的技术甚至能够通过钻杆柱的伸缩更换钻头或检查钻头的磨损情况而无须提升全部钻杆柱。

4.3.3　循环介质

一般在钻进过程中,利用水在钻杆内部向下流动,冲洗钻头的切割面,然后通过钻杆与孔壁间狭窄空间返回地面(这种钻进方式称为正循环钻进)。该道工艺的目的是润滑和冷却钻头并把破碎和研磨的岩屑从孔底带到地表。水可以与各种黏土或其他掺合剂结合使用,从而可以达到降低样品损失和保护钻孔壁的目的。有关循环介质的研究在石油钻井中取得显著的进展。

4.3.4　套　管

套管是一种柱状空心钢管,钻具可以在套管中安全运行。钻进过程中经常可能遇到破碎带或漏水层,必须采用套管封闭孔壁,起着防止孔壁岩石坍塌、循环介质的流失或地下水的灌入之类的突发事件。在设计钻孔时必须考虑套管和钻头按尺寸配套,保证下一级较小直径的套管和钻头能够通过已经钻进的较大直径的孔径。

4.3.5　钻进速度和成本

在固体矿产勘查中大多数钻孔深度都小于400m,但所使用的钻机一般都具有最高钻进深度达2000m的能力,而且可以打水平钻孔、垂直钻孔,以及从水平到垂直角度之间的各种倾斜钻孔。钻进速度与钻机类型、钻头以及钻孔孔径等因素有关。一般说来,孔径越大,钻进速度越慢;孔深越大,钻进速度越慢。此外,钻进速度还与钻孔穿过的岩石类型有关,在软岩层、易碎或节理发育的岩层中钻进速度较慢。

每小时钻进10m的速度是可能达到的,当然,这在很大程度上取决于钻工的技术以及岩石的钻进条件。对于孔深为300m左右的钻孔而言,钻进成本在800~1500元/m。有关金刚石钻探成本的标准可参考有关文献。

4.4　钻孔的设计

钻孔的设计是在勘查工程总体部署的框架下进行,作为勘查系统的一个重要组成部分,本节着重阐述钻孔设计中的一些具体要求。

4.4.1　钻孔布置及施工顺序的考虑

钻孔布置必须在对地面地质情况进行了一定程度的地表揭露、实测地质剖面或者是对地球物理、地球化学勘查成果进行了深入研究的基础上。探矿工程是直接获取深部地质和矿产情况的最有效手段,但因投资较大,故对钻孔布置必须精心设计实施,为避免盲目和浪费。一般应严格遵循以下原则:

（1）根据不同的要求，按一定间距，系统而有规律地布置，以便工程间相互联系并对比，利于编制一系列的剖面和获得矿体的各种参数；

（2）尽量垂直矿体走向或主要构造线方向布置，以保证工程沿矿体厚度方向穿过整个矿体或含矿构造带；

（3）从把握性大的地方向外推移，即由已知到未知，由地表到地下，由稀到密地布置；

（4）充分利用原有槽探、钻探和坑探的成果。

无论是零散的或成勘查线排列的钻孔，均应尽可能地与已有的勘查工程配套，相互联系，构成系统，以便获得完整的地质剖面。布置的形式可以是勘查线，也可以是勘查网（如正方形的、矩形的或菱形的），这要视地质和矿床的具体情况而定。

在施工的步骤上，为了某些特殊需要，如为查明某些重要地层层序，获得有关岩石类型方面的信息，探测不整合面下部或冲断层下盘的地质情况，以判断有利成矿部位；或在勘查靶区为了验证显著的地球物理异常或地球化学异常以及重要的地质情况，也可先布置单孔，但单孔布置应符合总体方案要求，使它成为总体方案的一个点或基础，往后，再按更系统的勘查间距施工。

为了获得适合于确定矿石品位的最精确的取样，钻孔一般都要以高角度与潜在的矿体相交。如果目标是原生矿化，钻孔要布置在预测的氧化带水平以下穿过矿体。如果矿化体是陡倾斜的板状，那么，钻孔应以一定角度在矿化体倾向相反的方向揭露矿体。如果矿化体的倾向还不清楚（当验证地球物理或地球化学异常时常常会出现这种情况），那么，为了保证能与目标相截，将需要设计至少两个相反倾向的钻孔，若第一个钻孔揭露到了目标矿化体，则不施工反向钻孔；若第一个钻孔落空了，有可能矿化体是向反方向倾斜，有必要施工反向钻孔进行证实。如果矿化体是缓倾角的层状或透镜体，则采用垂直钻孔进行验证。

一旦揭露到目标矿化体，根据勘查设计的要求，以第一个见矿钻孔位置为起点实施扩展钻探，目的是确定矿化范围。由于矿化体的潜在水平范围通常比其潜在深度范围会了解的更多一些，所以，在多数情况下，第一批施工的扩展钻孔都是从第一个发现孔沿走向布置（以 40m 或 50m 为倍数的规则网度布置），目标是在与第一个发现孔近似的深度与矿化体相截。一旦在一定长度的走向范围内证实了有经济意义矿化的存在，即可以按设计实施勘查线剖面上较深的钻孔。

4.4.2　单孔设计

钻孔结构又称孔身结构，是指钻孔由开孔（开钻）至终孔（完钻）的孔径变化，它包括孔深、开孔和终孔直径、孔径更换次数及其所在深度、下入套管的层数和位置以及套管的固定方法。在单孔设计时，在满足地质要求的前提下，应尽可能简化钻孔结构，即力求孔径小、少换径、少下或不下套管，从而提高钻进效率、降低钻探成本。

钻孔设计一般包括以下内容。

(1)编制设计理想剖面图。这种剖面图是根据地表地质情况的观测研究、地球物理和地球化学异常的分析等获得的有关矿体和围岩产状、构造特点等资料,结合控矿条件分析,推测矿体在地下可能的延伸和赋存状态而编制。

(2)钻孔预定戳穿矿体(或其他地质体)位置的确定。根据设计钻孔的目的要求,在理想剖面图上从矿体在地表的出露点开始,向下沿推测矿体或矿带厚度中心平分线(矿体较薄时则沿底板线)截取选定的钻孔孔距,此间距的下端点即为钻孔预定戳穿矿体的位置。

(3)预计终孔深度。是指定钻孔在穿过了目的层后再钻进一段进尺(如5m)后不再继续下钻的深度。当对地下地质情况掌握不太确切,尤其是在验证地球物理或地球化学异常时,终孔深度应设计得比较灵活些。

(4)钻孔类型的确定。这是指岩心钻探的钻孔采取什么角度进行钻进。根据地质上对穿过矿体时的要求以及矿体和围岩的产状、物理机械性质和技术可能,可考虑直孔、斜孔或定向孔。具体选择时应注意以下要求:①保证钻孔沿矿体厚度方向穿过。至少钻孔与矿体表面的夹角不得小于25°,以免钻孔沿矿体表面滑过;②尽量节约工程进尺,使孔深较浅就能达到预计的终孔位置;③尽可能选择直孔,因为斜孔和定向孔技术上比较复杂,施工比较困难,设计用的资料也要求更高。一般在矿体倾角大于45°时才考虑采用斜孔。

(5)地表孔位的选择。单个工程布置应符合总体方案要求,因此,钻孔地表孔位的选择应在满足地质要求的前提下,注意照顾现场的实际情况。例如,便于场地平整、避开容易坍塌的危险地点,不损坏建筑物和交通要道,尽量少占农田以及便于器材运输和供水等方面的因素。当设计孔位与上述要求相矛盾时,可根据具体地质条件,在勘查线上或两侧作适当移动,但不得超过2m。

(6)编制钻孔理想柱状图。根据实测地质剖面和孔位周围的地质、地球物理、地球化学及其他探矿工程资料编制出钻孔理想柱状图,提供钻进时要戳穿的岩(矿)层厚度、换层深度、岩性特点、岩石硬度、裂隙发育情况、涌水、漏水等资料,以备钻探人员施工时能针对具体情况采取必要的技术措施。同时,要提出对钻探的质量要求(如岩心、矿心的采取率等)。合理的开孔、终孔直径、钻孔方位、开孔倾角、允许弯曲度、测深以及测斜等要求。

第一个钻孔施工后获得的新资料,应作为修改邻近新钻孔设计的依据,指导新钻孔的正确施工,如此渐进,以使每一个钻孔的设计尽可能符合实际,获得最大效果。

4.5　钻探编录

4.5.1　概　述

1. 常用术语解释

回次(round trip):指在钻孔施工中,将钻具下入孔底进行钻进直至将钻具提出孔外,这样一个循环,称为一个回次。

进尺(footage):钻进深度的度量,基本单位为 m,作为钻探或钻井工程的工作量指标,用以表示工程的计划工作量和实际完成的工作量,或借此核算工程的单位成本等。实际工作中,则按每台钻机或井队的班进尺、日进尺、月进尺、年进尺、平均进尺、总进尺等方式分别表示计划和已完成的工作量。此外,还以钻头进尺(即新钻头从开始钻进到磨损报废为止共钻进的深度)来评价钻头的寿命。在钻孔编录中常常涉及累计进尺和回次进尺的概念。

累计进尺等于孔深,可由下式计算

$$孔深(m) = 钻具总长 - 机高 - 机上余尺 \qquad (4.1)$$

或孔深(m) = 回次前孔深 + (回次前机上余尺 - 回次后机上余尺)　(4.2)

式中,钻具总长 = 钻头长 + 岩心管长 + 异径接头长 + 孔内钻杆柱长 + 机上钻杆长;机高是指孔口地面到丈量机上余尺时钻机上的固定位置处的距离;机上余尺是指从钻机上固定位置至机上钻杆上端的长度。

回次进尺由下式计算

$$回次进尺(m) = 钻具总长 - 回次前孔深 - 机高 - 回次后机上余尺 \qquad (4.3)$$

或回次进尺(m) = 回次初机上余尺 - 回次后机上余尺　　(4.4)

岩(矿)心采取率(core recovery):岩(矿)心采取率是指实际采取的岩(矿)心长度或岩屑体积(重量)除以该取心(或取岩屑)孔段实际进尺或体积(重量)并以百分率表示。在一个回次进尺内的采取率称为回次岩心采取率,在某一岩层内的采取率称为分层岩心采取率。岩心采取率是衡量钻探或钻井工程质量的一项重要指标。

钻孔弯曲(hole deflection):又称孔斜,是指在钻进过程中,已经钻成的孔段轴线与原设计轴线之间所产生的偏移。孔斜是衡量钻探或钻井工程质量的一项重要指标。

钻孔实际轨迹偏离原来设计轨迹时,对钻探成果、特殊工程效果以及钻孔施工本身都会造成危害。在钻探成果方面,可能歪曲地质体(包括矿体)的产状,误定矿体厚度,甚至可能导致预计的钻探目标落空,还可能改变勘查网度从而导致对地质构造的判断失误,影响对矿体的控制程度和资源量/储量估算精度。在钻探施工方面,孔斜会造成钻具与孔壁摩擦力增大、钻杆折断事故增多、钻具升降困难、功率消耗上升、钻进速度下降以及岩心采取率降低等。钻孔弯曲值的大小称为钻孔弯曲度，如果钻孔弯曲度超过允许范围，则需要进行纠斜甚至重新钻孔，造成重大的经济损失。根据中国地质调查局规定：垂直钻孔允许顶角每100m弯曲2°，斜孔每100m弯曲3°，按孔深累计计算；方位角偏差一般不超过勘查网的1/3~1/4，要求在钻进时必须根据岩层情况，每钻进一定深度即测量一次，以便及时发现和采取纠正措施，并根据孔斜测量结果校正地质剖面图。

钻孔顶角（zenithal angle of hole）：钻孔轴线上某一点的切线与通过该点铅垂线间的夹角，称为该点或该孔深处的钻孔顶角，它是确定钻孔在地下空间位置的一项参数。

钻孔倾角（dip angle of hole）：钻孔轴线上某一点的切线与包括该点的水平面之间的夹角，称为该点或该孔深处的钻孔倾角，它与钻孔顶角互为余角。

钻孔方位角（azimuthal angle of hole）：自钻孔轴在水平面投影上的某点指北方向起，顺时针方向与通过该点切线之间的夹角，称为该点或该孔深处的钻孔方位角，它是确定钻孔在地下空间位置的一项参数。

2. 钻探阶段

矿产勘查过程中采用钻探大致可分为初步钻探和详细钻探两个阶段，每个阶段钻探所要求的地质信息量是不同的。

初步钻探阶段是在普查和详查阶段实施的钻探项目。这一阶段钻探的目的旨在加深对勘查靶区的地质认识和矿化潜力的评价，其中，最关键的目标是在地下发现和确定矿体或矿化带。这是勘查靶区钻探最关键的阶段，钻探地质编录过程常常比较困难，因为地质人员对钻探所揭露的岩性还不熟悉，而且难于知道在岩心中观察到的许多特征中究竟哪些特征可以在钻孔之间相关联，岩心所反映出的特征对于矿化的识别是至关重要的，如果不能识别矿化，则可能导致漏掉矿体。显然，尽管第一批施工的钻孔数可能不多，但所要求钻孔能够提供的信息量要达到最大，而且要求对岩心的观测和记录尽可能的详细。根据经验，地质人员在对矿化岩石进行编录时，每小时编录的岩心长度不要超过5m，应当详细观测岩心中出现的每一个面。

详细钻探阶段相当于勘探阶段实施的钻探项目。这一阶段已经基本上确立了矿体的存在，实施钻探的目的主要是建立矿床的经济参数（如品位和吨位等）以及工程参数（如矿体的形态、产状、埋藏深度等）。当勘查项目进入到此阶段时（大多数勘查项目都未能达到这一阶段），主要地质问题都基本上已经明了了，地质人员应当对勘查区的情况已经心中有数。同时，这一阶段钻探工作量很大，将获得大批量的岩心，从而对钻探编录的要求是快速准确地收集和记录大量的标准数据。

从钻孔中获得的信息来自于以下几方面：岩心（或岩屑）、孔内地球物理测量、钻孔弯曲测量等。在本节中我们重点讨论钻孔地质编录，但是，负责钻孔编录的地质人员必须熟悉所有来源的信息。

3. 岩心采取率及采取质量的要求

有效的岩心采取率是必须达到的,如果岩心采取率小于 85%～90%,那么,该段岩心的价值是值得怀疑的,因为该段岩心不能很好地代表所穿透的岩石,也即它不是一个真样品,而且容易误导。尤其是矿化和蚀变岩石部位在钻进过程中常常最容易破碎,易于被研磨而损失。

除了保证达到有效的岩心采取率外,还要求钻探过程中岩心应有较好的完整程度,避免钻进和采心过程中对岩心的人为破碎、颠倒和扰动,尽量保持岩心的原生特征。为了提高岩心采取质量,必须根据岩层特点,正确地选定钻进方法、取心工具,确定适宜的钻进规程和操作方法。

4.5.2　钻孔编录前的准备工作

在钻探期间,尤其是在初步钻探阶段,任何一个钻孔在编录前都要进行许多工作。

(1)编制钻孔周围地表地质图:钻探开始之前,尽可能详细编制钻孔周围地表地质图(比例尺为 1∶1000 或更大),最好的方式是岩心编录比例尺与地表地质图可以比较,不过,由于地表露头常常发育不良,致使地表地质图比例尺通常小于钻孔编录的比例尺。

(2)编制钻孔预测剖面图:根据地表地质图编制钻孔预测剖面图。

(3)编制勘查线预测剖面图:根据地形图和地表地质图编制勘查线预测剖面图,图中标绘出设计钻孔的位置以及所有已知的地表地质、地球化学和地球物理特征,必要时,将这些资料投影到钻孔预测剖面图中。

(4)根据这些剖面图,预测钻孔与重要地质要素相截的位置。编写钻孔设计说明书,在说明书中应当包含这些预测结果。这一过程促使项目地质人员能够充分考虑两个重要的问题:①我为什么要钻这个孔? ②我期望通过这个孔发现什么?

4.5.3　钻孔定位

钻机必须精确地按设计的钻孔方位角和倾角安置。为了保证正确地安装钻机,建议采用下述步骤:

(1)用木桩标出钻孔孔口的大致位置。

(2)用推土机或人工平整场地并挖好蓄水池。钻机场地面积为边长 15～20m 的方形。

(3)原有木桩此时通常已不存在,因而必须重新用木桩标定钻孔方位。孔位的定位误差在 1m 左右都是允许的,关键是在钻探结束后精确地测定井口的实际坐标。

(4)在木桩上标出钻孔编号、方位角和倾角。

(5)在孔位的任一边 20～50m 的距离以设定前视和后视木桩的方式确立钻孔

设计的方位角,钻工将依据这些标志安装钻机。注意必须让钻工们明确知道哪一个是前视木桩、哪一个是后视木桩。

(6)钻机安装完毕后,在开钻之前,还应再用罗盘和测斜仪检验钻孔的方位角和倾角。

4.5.4　岩心整理及鉴定

1. 岩心整理

每一回次取出的岩心必须及时整理,其要求如下:

(1)钻探记录员应将每次取出的岩心洗净,然后按上下顺序从左至右装入岩心箱内,并填写回次岩心牌,说明回次编号、岩心名称、本回次起止深度、岩心采长和所代表的孔段位置以及孔底残留岩心情况。对重要的岩心,应交地质人员进行复查与保管。

(2)换层岩心装箱时,须在两层岩心之间置以换层隔板及层次岩心牌。

(3)凡长度大于50mm和少数长度虽小于50mm但仍完整的岩心,都应统一编号和并填写岩心牌,并且用油漆在岩心上表明孔号及本块岩心编号。岩心编号用代分数表示:分数前面的整数代表回次号,分母为本回次中有编号的岩心总块数,分子为本回次中第几块编号的岩心。例如,某孔中第5回次有7块编号的岩心,其中第3块编号为 $5\frac{3}{7}$。

(4)在岩心箱一侧写明矿区名称、孔号、岩心起止号码及岩心顺序号等。

2. 岩心鉴定要求

观测岩心最好是在明亮的自然光下进行,如果阳光太强,天气太热,可在一把浅色的遮阳伞下观测;若因天气太冷或下雨不能在室外编录,室内应尽可能有大的窗户。编录的岩心箱应放在舒适高度的盘架上,岩心应清洗干净,而且湿的岩心能够更清晰地展示出地质特征。观测岩心时一般使用放大镜,有条件时也可配备一台双目镜。编录时要详细记录主要的构造特征(如裂隙间距和裂隙方位)、岩性描述(包括颜色、结构、矿物成分、蚀变特征、岩石命名等),以及其他细节,如岩心采取率以及岩心损失过大(如大于5%时)的位置。这种描述应当是系统的,而且应当尽可能地定量描述。

矿产勘查部门一般都有岩心编录的标准格式以及描述地质特征的专门术语。中国地质调查局2001年颁布的《固体矿产钻孔数据库工作指南(试用)》中详细规定了建立固体矿产数据库的有关引用标准、数据采集原则、工作流程、编录表格、数据内容、数据文件格式、词典定义标准,以及质量保证要求等。

在比较舒适的自然环境下观测岩心,首先遇到的问题是岩心上可能观测到的细节是如此之多,以至于很难确定主要地质特征的界线,换句话说,容易出现"见木不见林"的情况。为了克服这一点,比较好的方式是随着岩心的钻取,先初步编制一份全孔的总结性的编录。这种第一轮的岩心扫视确定是否存在有关矿化的任何直接的、最重要的地质特征,而且,如果存在矿化,能够提供直接开始对化学分析取样的控制;同时,总结性编录应确定出钻孔穿过的主要地质界线和构造,并给出下一步拟进行更详细编录的岩心范围。对岩心多次编录是非常必要的,因为岩心中隐藏着大量的信息,每次编录肯定都会有新的发现和认识。

根据许多地质人员体会,对一定长度范围的岩心分别观测其岩性、构造、矿化和围岩蚀变等特征比试图同时观测和记录这些特征更容易些;而且,如果诸如测量岩心采取率或转换方位标志之类的日常工作由有经验的野外钻探技术人员完成,那么,地质人员的编录工作将会更顺畅些。

地层分层要慎重,既要看整个岩心的变化,也要仔细研究分析钻探日志中记录的钻进速度的变化、钻工的操作感觉、冲洗液的颜色和消耗量的变化、孔壁坍塌和加固情况,以及钻进过程的描述等。

注意含水层及地下水位的鉴定。如果做提水、抽水、压水或注水试验时,应将其试验结果进行比对。

岩心编录是在现场进行,应随着钻孔的进度及时做好编录工作,不可拖延,否则会失去指导钻探进程的意义、造成不必要的经济损失。诸如加深或中止钻进以及确定下一个开钻的钻孔之类的重大决策可能必须在钻进过程中作出。

除了对岩心进行地质描述外,还要对岩心进行各种用途的采样。在初步钻探阶段,岩心的取样部位应该根据地质特征来确定,由地质人员选定取样部位并在编录时在岩心上标示清楚;取样部位的边界应尽可能与地质人员观测或推测的矿化界线一致。如果所取岩心相对比较均匀时则应按一定的长度(一般以 1m 长度作为一个样品)采取规则样品,采样时采用金刚石锯或岩心劈分机将岩心分成近于相等的两半,其中一半送交化学分析或作其他研究用,另一半放回岩心箱内作为记录保存。在岩心损失的部位,取样区间不应跨越发生岩心损失的岩心段,譬如说,把岩心采取率为 100% 的样品与岩心采取率只有 70% 的样品混在一起,实质上是用质量差的样品影响质量好的样品。

显然,构造特征的记录必须在岩心劈分之前就应当完成。比较好的做法是在编录前对湿岩心进行拍照,这样,随着钻孔的进程,可以拍摄一套从顶到底的全孔岩心柱的永久性原始照片记录。所获得的岩心花费了如此高昂的代价,因而,保存好这些岩心供以后检验是合理的。诚然,长期保存岩心涉及时间、空间和费用的问题,钻孔位置可能会消失,但其所含信息的价值是重要的,尤其是在一些重要的矿区内。原地质矿产部 1992 年颁发的(DZ/T0032—92)详细规定了地质勘查钻探岩矿心(含岩屑,下同)的现场管理、缩减处理、移交入库和库房管理的细则。

在不取岩心钻进过程中,岩屑和岩粉一般按 2m 的间距进行采集,在现场干燥后装袋(图 4-2)。岩屑和岩粉经清洗后,采用放大镜或双目镜即可相对容易地进行观测;样品还可以进行淘洗以获取人工重砂样品。同样,对岩屑和岩粉样品的描述必须是系统的和定量化的。

图 4-2　不取岩心钻进现场岩屑(粉)样品采集

4.5.5　岩心采取率及换层深度的计算

1.岩心采取率的计算

从钻孔内提取岩心时,钻下的岩心有可能不能全部取出,这部分未能取出而残留在孔内的岩心根部称为残留岩心。由于残留岩心位于每回次的底部,磨损消耗不大,所以,理论上认为本次残留岩心长度与本次残留进尺相等。因此,回次岩心采取率的计算有以下两种情况。

(1)无残留岩心的情况,回次岩心采取率的计算公式为

回次岩心采取率=本回次所取岩心长度÷本回次进尺×100%　　(4.5)

分层岩心采取率=本分层岩心总长÷本分层进尺总长×100%　　(4.6)

(2)若回次岩心采取率超过100%,即回次岩心长度大于回次进尺时,一般为残留岩心所致。残留岩心的长度一般以施工人员测量为准,当未进行残留岩心测量或残留岩心测量不准,使其岩心长度大于进尺时,根据(DD2006—1)规范,残留岩心可按下面办法由编录人员进行处理。

在岩心完整时,以本回次岩心采取率为100%计,将超出部分推到上回次计算,如继续超出可继续上推,最多只能上推三个回次。

如图 4-3 所示,第 9 回次进尺 4m,岩心长 4.9m,大于该回次进尺 0.9m 的岩心作为残留向上推到第 8 回次(第 9 回次采取率现为 100%)。

第 8 回次原进尺 4.5m,岩心长 4.2m,现加上第 9 回次上推的 0.9m 残留岩心,则岩心长为 4.2+0.9=5.1m,超过进尺 0.6m 继续上推至第 7 回次,则第 8 回次采

取率现为 100%(该回次原采取率 93% 应更正为 100%)。

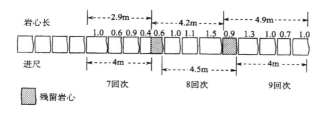

图 4-3　残留岩心处理图

第 7 回次原进尺 4m,岩心长 2.9m,采取率 73%,现加第 8 回次上推的 0.6m 残留岩心,则岩心长为 2.9+0.6=3.5m,采取率为 88%,岩心长度小于进尺,无残留上推,至此,第 9 回次残留岩心处理完毕(第 7 回次原采取率 73%,应更正为 88%)。如残留岩心处理中,上推三个回次后继续超出,应寻找原因,再作处理。

如岩心破碎为砂状、粉状和不在同一岩性中钻进而用反循环采心工具采取的岩心,一般不允许上推。

对于有残留岩心的情况,回次岩心采取率计算公式为

回次岩心采取率=本次提取岩心÷(本回次进尺-本次孔底残余进尺

$$+上次孔底残余进尺)×100% \quad (4.7)$$

2. 换层孔深的计算

从一个分层变换为下一个分层时称为"换层",换层时所处钻孔深度称为换层孔深。根据换层所处位置不同,分为:回次内换层孔深、回次间换层孔深及空回次换层孔深三种情况计算换层孔深。

(1)回次内换层孔深。某一回次内换层时的换层孔深的计算式(图 4-4):

$$回次内换层孔深=上回次止孔深+\frac{本回次上层岩心长}{本回次岩心采取率} \quad (4.8)$$

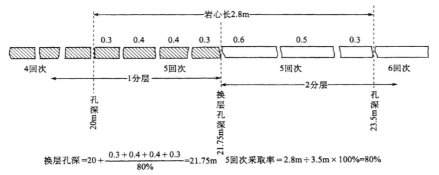

图 4-4　第 5 回次内换层孔深计算示意图

（2）回次间换层孔深。在两个回次之间换层时，其换层孔深等于上回次终止孔深，若有残留岩心时，则应减去上回次残留岩心长。

（3）空回次换层孔深。未取得岩心的回次称为空回次，若在空回次换层，其换层孔深等于上回次终止孔深加上空回次进尺的1/2，也可根据上下层岩石的相对硬度、破碎情况确定合适的比例。

3. 测量标志面与岩心轴夹角

岩心轴夹角是岩心轴与各种面（层面、断裂面、节理面、片理面等）的夹角，它是了解地层、矿层（体）、岩（矿）脉以及地质构造的倾角以及编制地质剖面图、计算地层和矿层（体）厚度的基础数据。通常用量角器法测量获得岩心轴夹角，步骤如下。

首先找出要测量的标志面在岩心上的总体方向，找出标志面在岩心上的最高与最低点（可用红、蓝铅笔画一条线），如图4-5中AB；将岩心柱面（图中CD）紧靠岩心隔板；将量角器的零度边（图中ab）与标志面（AB）平行，同时将量角器的0点与标志面（AB）同岩心柱面（CD）的交点（O）重合；读出岩心柱面在量角器上的读数（70°）即为岩心轴夹角。

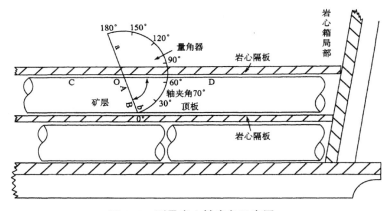

图4-5　测量岩心轴夹角示意图

4.5.6　钻孔弯曲的投影

钻孔在施工过程中，由于某些地质因素（如地层产状的变化、岩石硬度差异、遇到断裂构造等）和技术原因（如钻机立轴不正、钻进压力不当、定向管过短等），致使钻孔轴线的实际方向偏离设计的钻孔轴线，造成钻孔弯曲，尤其在斜孔施工中钻孔弯曲的现象最为常见。

为了掌控钻孔轴线位置的变化，及时预防和纠正孔斜，钻进过程中应按要求对钻孔进行测量。一般超过100m深度的垂直钻孔要求每钻进50m测量一次，斜孔每25m测量一次。采用投影方法把钻孔测量数据投影到勘探线剖面图上的作图技术,称为钻孔弯曲投影或钻孔弯曲校正。

　　只要获得钻孔测量的观测数据,就应当立即根据这些数据绘制钻孔轴线在剖面和平面上的投影图,通过这种图件可以了解钻孔到达设计目标的进度和效果。如果出现偏斜,钻工们可以及时采取纠斜措施解决这个问题。

　　现在,只要把钻孔测量数据输入到计算机内,在专用的勘查软件中通常都有完成钻孔弯曲投影任务的功能。然而,在勘查钻进过程中,为了及时指导钻探,一般都是在现场用手工绘制,而且,这种图件很容易完成,我们将在课程设计中学习这种投影方法。

4.6　钻探合同

　　钻探任务可由地质队或勘查公司自己所属的钻探部门完成,也可与专门的钻探公司签约承包。如果是签约承包,则需要在承包合同中详细规定钻进条件、所要求的工作量以及费用等。钻探的目的是要以较低的成本获得勘查目标的代表性样本,因此,钻探设备的选择是很关键的。如果不了解钻进条件,那么,在任何大规模钻探工作开始之前,应尽可能地事先进行试验性钻探,目的是对不同钻探方法进行比较,从而确定最适宜的钻探技术。

　　在签订钻探合同时涉及的主要费用如下:

　　(1)从钻探公司至钻探工作区钻井设备的搬迁,其费用随搬迁方式(人工搬迁、汽车搬迁等)而有所不同;

　　(2)机台的建立以及各孔位之间的钻井设备的搬迁,其费用随孔位之间的搬迁距离以及工作地区的不同而不同;

　　(3)每米进尺的基本钻探费用;

　　(4)个别项目的费用,如封孔、下套管、钻孔测井等;

　　(5)拆迁费用。

　　在钻探合同中,所有费用都应当一项一项地详细列出。

　　对于客户(勘查部门)制定的技术要求,比方说,岩心采取率大于90%、垂直钻孔的偏斜小于5°等,钻探公司需要仔细考虑能否接受这些要求。如果接受这些要求但实际工作中未能满足时,钻探公司必须对此承担责任。

　　工程进行时,钻工们每个班在交班时都要填写工作报表(日志),报表中要详细描述本班所完成的进尺以及存在的问题,由地质人员检验后在报表上签名。最后付款时就是根据这些报表核实合同的完成情况。在钻工和勘查部门派往钻井现场的代表(负责钻孔质量监督和编录的地质人员)之间关注点有所不同,钻工们可能只强调每个班的钻探进尺,而地质人员更关心的是岩心采取率和该钻孔所要揭露的预测目标。因此,负责钻探编录的地质人员应该全面熟悉合同条款以及钻进过程中可能出现的问题。

　　钻探工程的成果体现在最终报告中,这类报告可由以下几部分组成:①钻探过程中的技术记录、岩心采取率以及技术问题;②附有地质平面图和勘查线剖面图的钻孔柱状图;③岩石和矿石分析的地质记录;④地球物理测井。成功的探矿工程可以提供勘查区地质、矿床、矿石品位以及吨位的三维图像。

第5章　矿产勘查阶段

5.1　概　述

5.1.1　矿产勘查标准化

1. 标准化

标准化(standardization)是在经济、技术、科学及管理等社会实践中,对重复性事物和概念通过制订、发布和实施标准达到统一,以获最佳秩序和社会效益。

标准化的目的之一,就是在企业建立起最佳的生产秩序、技术秩序、安全秩序、管理秩序。企业每个方面、每个环节都建立起互相适应的成龙配套的标准体系,就使每个企业生产活动和经营管理活动井然有序,避免混乱,克服混乱。"秩序"同"高效率"一样也是标准化的机能。标准化的另一目的,就是获得最佳社会效益。一定范围的标准,是从一定范围的技术效益和经济效果的目标制定出来的。因为制定标准时,不仅要考虑标准在技术上的先进性,还要考虑经济上的合理性。也就是企业标准定在什么水平,要综合考虑企业的最佳经济效益。因此,认真执行标准,就能达到预期的目的。一些工业发达国家把标准化作为企业经营管理,获取利润,进行竞争的"法宝"和"秘密武器"。特别是一些著名公司,往往都建立企业标准化体系,以保证他的利润和竞争目标的实现。

2. 标准

标准(standard)是对重复性事物和概念所做的统一规定。它以科学、技术和实践经验的综合成果为基础,经有关方面协商一致,由主管机构批准,以特定形式发布,作为共同遵守的准则和依据。根据中华人民共和国标准法第六条规定:标准的级别分为国家标准、行业标准、地方标准、企业标准四级。

3. 规范

规范(specification)是对勘查、设计、施工、制造、检验等技术事项所作的一系列统一规定。根据国家标准法的规定,规范是标准的一种形式。

4. 地质矿产勘查标准

我国地质矿产勘查标准化工作始于20世纪50年代,按照统一和协调的原则,分别由各部门制定了一系列关于地质矿产勘查的标准和规范规程,初步统计已达上百种,其中固体矿产勘查规范已达45种,涉及84个矿种,形成了一个独立的体系,并且已进入了国家的标准化管理体系。大部分的这些标准都可以在中国地质调查局、中国矿业网,以及中国矿业联合会地质矿产勘查分会等相关网站上查阅。

5.1.2　矿产勘查阶段的基本概念

从前几章的讨论中我们已经了解到,矿产勘查工作是一个由粗到细,由面到点,由表及里,由浅入深,由已知到未知,通过逐步缩小勘查靶区,最后找到矿床并对其进行工业评价的过程。

也就是说,一个矿床,从发现并初步确定其工业价值直至开采完毕,都需要进行不同详细程度的勘查研究工作。为了提高勘查工作及矿山生产建设的成效,避免在地质依据不足或任务不明的情况下进行矿产勘查、矿山建设或生产所造成的损失,必须依据地质条件、对矿床的研究和控制程度,以及采用的方法和手段等,将矿产勘查分为若干阶段,这种工作阶段称为矿产勘查阶段。

每个阶段开始前都要求立项、论证、设计、施工,而且在工程施工程序上,一般也应遵循由表及里,由浅入深,由稀而密,先行铺开,而后重点控制的顺序。每个阶段结束时都要求对研究区进行评价、决策、提出下一步工作的建议。

矿产勘查过程中一般需要遵守这种循序渐进原则,但不应作为教条。在有些情况下,由于认识上的飞跃,勘查目标被迅速定位,则可以跨阶段进行勘查;反之,如果认识不足,则可能会返回到上一个工作阶段进行补充勘查。

5.1.3　矿产勘查阶段的划分

矿产勘查阶段的划分是由勘查对象的性质、特点和勘查实践需要决定的,或者说是由矿产勘查的认识规律和经济规律决定的。阶段划分的合理与否,将影响矿产勘查和矿山设计以及矿山建设的效率与效果。

1. 国外矿产勘查阶段的划分

在联合国 1997 年和 2004 年推荐的矿产资源量/储量分类框架中,勘查阶段划分为:①预查(reconnaissance);②普查(prospecting);③一般勘探(general exploration);④详细勘探(detailed exploration)。世界各国的矿产勘查总的说来也都相应地大致遵循这几个阶段。然而,不同的国家以及各国不同采矿(勘查)公司之间勘查阶段的划分又有一定的差异。下面以 Rio Tinto 公司下属的 Kennecott 勘查公司采用的划分方案为例来进行说明。

第一阶段:矿产资源潜力评价(assessment of potential)

本阶段的目的是要确定研究区内是否具有寻找目标矿床的潜力。工作内容主要涉及对有关研究区的现有资料的收集和评价,包括过去的开采历史、公益性地质图、卫星影像等资料,并选择交通方便的露头区进行实地地质考察。如果地质人员认为该区有一定的潜力,则需要向当地社团咨询,讨论和评价未来的勘查和开采对局部环境的影响。本阶段需要花数周的时间和数千美元。

第二阶段:区确认(target identification)

如果某个地区经过评价认为是有利的,那么,该区的勘查可以转入靶区确认阶段。本阶段可能采用航空地球物理测量,还可能采用河流沉积物、土壤,以及岩石地球化学取样。在这一阶段期间,至关重要的是要获得勘查许可证或矿权。本阶段需要花数月的时间和数万美元。勘查结果的成功率为 10%,放弃该项目的概率为 90%。

第三阶段:靶区验证(target testing)

本阶段一般是采用钻探验证,需要花数月的时间和数十万美元。

第四阶段:评价阶段(evaluation phase)

如果所勘查的矿床可能是以值得开采的质和量存在,那么,该远景区就可转入评价阶段。这一阶段主要采用详细钻探方法来证实矿床的吨位、品位、几何形态和特征。本阶段的后期要求进行可行性研究。这一阶段需要数年的时间,耗资数百万美元。

勘查过程每深入一步,勘查成本迅速增加,而且完成项目的时间需要更长。

2. 我国矿产勘查阶段的划分

我国矿产勘查阶段的划分,从 1949~1986 年,全国各系统的地勘部门并未完全统一,有的部门按初步普查、详细普查、初步勘探、详细勘探 4 个阶段划分,有的分为初步普查、详细普查、勘探 3 个阶段。1988 年,原地质矿产部将矿产勘查阶段划分为普查、详查、勘探 3 个阶段。1999 年,我国首次颁布了《固体矿产资源/储量分类》国家标准(GB/T17766—1999),其中把矿产勘查阶段划分为预查、普查、详查、勘探 4 个阶段(图 5-1),与联合国 1997 年的分类框架完全一致。

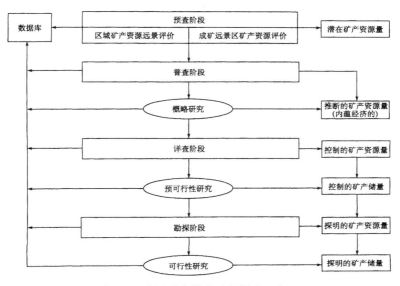

图 5-1 我国矿产勘查阶段划分示意图

预查:依据区域地质和(或)物化探异常研究结果、初步野外观测、极少量工程验证结果、与地质特征相似的已知矿床类比、预测,提出可供普查的矿化潜力较大地区。有足够依据时可估算出预测的资源量,属于未发现的矿产资源。

普查:是对可供普查的矿化潜力较大地区、物化探异常区,采用露头检查、地质填图、数量有限的取样工程及物化探方法开展综合找矿。对区内地质、构造特征达到相应比例尺的查明程度;对矿体形态、矿石质量、矿石加工技术条件和矿床开采技术条件做到大致查明、大致控制的程度;矿体的连续性是推断的。通过概略研究,最终应提出是否有进一步详查的价值,或圈定出详查区范围。

详查:是对普查圈出的详查区通过大比例尺地质填图及各种勘查方法和手段,进行比普查阶段更密的系统取样,基本查明地质、构造、主要矿体形态、产状、大小和矿石质量,基本确定矿体的连续性,基本查明矿床开采技术条件,对矿石的加工选冶性能进行类比或实验室流程试验研究,对新类型矿石和难选矿石应进行实验室扩大连续试验,在详查所获信息的基础上开展概略研究,作出是否具有工业价值的评价。必要时,圈出勘探范围,并可供预可行性研究、矿山总体规划和作矿山项目建议书使用。对直接提供开发利用的矿区,其加工选冶性能试验程度,应达到可供矿山建设设计的要求。

勘探:是对已知具有工业价值的矿床或经详查圈出的勘探区,通过加密各种采样工程,其间距足以肯定矿体(层)的连续性,详细查明矿床地质特征,确定矿体的形态、产状、大小、空间位置和矿石质量特征,详细查明矿床开采技术条件,对矿产的加工选冶性能进行实验室流程试验或实验室扩大连续试验,新类型矿石和难选矿石应作实验室扩大连续试验,必要时应进行半工业试验,在勘探所获信息的基础上开展概略研究,为可行性研究或矿山建设设计提供依据。

5.2 矿产预查阶段

预查相当于过去的区域成矿预测(regional prognosis)阶段。预查工作比例尺随勘查工作要求的不同而不同,可以在1∶100万~1∶5万变化。预查工作采用的勘查方法主要包括遥感图像的处理和解译、区域地质、地球物理、地球化学资料的处理,以及野外踏勘等。

根据中国地质调查局工作标准《固体矿产预查暂行规定》(DD 2000—01),预查阶段分为区域矿产资源远景评价和成矿远景区矿产资源评价两种类型。

5.2.1 区域矿产资源远景评价

区域矿产资源远景评价是指对工作程度较低地区,在系统收集和综合分析已有资料基础上进行的野外踏勘、地物理勘查、地球化学勘查、三级异常查证,圈定可供进一步工作的成矿远景区的预查工作。条件具备时,估算经济意义未定的预测

资源量(334$_2$)。其工作内容包括:

(1)全面收集预查区内各类地质资料,编制综合性基础图件;

(2)全面开展区域地质踏勘工作,测制区域性地质构造剖面,实地了解成矿地质条件;

(3)全面开展区域矿产踏勘工作,实地了解矿化特征,并开展区域类比工作;

(4)择优开展物探、化探异常三级查证工作;

(5)运用 GIS 技术开展综合研究工作,对区域矿产资源远景进行预测和总体评估,圈定成矿远景区;

(6)条件具备时对矿化地段估算 334$_2$ 资源量;

(7)编制区域和矿化地段的各类图件。

5.2.2　成矿远景区矿产资源评价

成矿远景区矿产资源评价是指对工作程度具有一定基础的地区或工作程度较高地区,运用新理论、新思路、新方法,在系统收集和综合分析已有资料基础上,对成矿远景区所进行的野外地质调查、地球物理和地球化学勘查、三级至二级异常查证、重点地段的工程揭露,圈出可供普查的矿化潜力较大地区的预查工作。条件具备时,估算经济意义未定的预测资源量(334$_1$)。其工作内容包括:

(1)全面收集成矿远景区内的各类资料,开展预测工作,初步提出成矿远景地段;

(2)全面开展野外踏勘工作,实际调查已知矿点、矿化线索,蚀变带以及物探、化探异常区,了解矿化特征,成矿地质背景,进行分析对比并对成矿远景区资源潜力进行总体评价;

(3)在全面开展野外踏勘工作的基础上,择优对物探、化探异常进行三级至二级查证工作,择优对矿化线索开展探矿工程揭露;

(4)提出成矿远景区资源潜力的总体评价结论;

(5)提出新发现的矿产地或可供普查的矿产地;

(6)估算矿产地 334$_1$ 和 334$_2$ 预测资源量;

(7)编制远景区及矿产地各类图件。

5.2.3　预查工作要求

本阶段的勘查程度要求搜集并分析区内地质、矿产、物探、化探和遥感地质资料,对预查区内的找矿有利地段、物探和化探异常、矿点、矿化点进行野外调查工作;对有价值的异常和矿化蚀变体要选用极少量工程加以揭露;如发现矿体,应大致了解矿体长度、矿石有用矿物成分及品位、矿体厚度、产状等,大致了解矿石结构构造和自然类型,为进一步开展普查工作提供依据,并圈出矿化潜力较大的普查区范围。如有足够依据,可估算预测资源量。

1. 有关资料收集及综合分析工作

(1) 全面收集工作区内地质、物探、化探、遥感、矿产、专题研究等各类资料,编制研究程度图。对以往工作中存在的问题进行分析;

(2) 对区域地质资料进行综合分析工作,根据不同矿产类型,编制区域岩相建造图、区域构造岩浆图、区域火山岩性岩相图等各类基础图件;

(3) 对区域物探资料进行重磁场数据处理工作,推断地质构造图件以及异常分布图件;

(4) 对区域化探资料进行数据分析工作,编制数理统计图件以及异常分布图件,开展地球化学块体谱系分析、编制地球化学块体分析图件;

(5) 对区域遥感资料进行影像数据处理,编制地质构造推断解释图件;

(6) 对矿产资料进行全面分析,编制矿产卡片以及区域矿产图件;

(7) 运用 GIS 技术,对上述资料进行综合归纳,编制综合地质矿产图,作为部署野外调查工作的基础图件。

2. 野外调查工作

固体矿产预查工作,必须以野外调查工作为主,野外调查和室内研究相结合。野外调查工作包括区域地质踏勘工作,区域矿产踏勘工作,地球物理、地球化学勘查,物探、化探异常查证、矿点检查工作;室内研究包括已有地质资料分析,综合图件编制,成矿远景区圈定、预测资源量估算等工作。

(1) 区域地质踏勘工作

区域地质踏勘工作是预查工作的重要基础工作,无论是否已经完成区调工作都要精心组织落实,一般情况下部署一批能全面控制区内区域地质条件的剖面,进行踏勘工作,踏勘时应进行详细的路线观察编录,并绘制路线剖面图,对重要地质体布置专题路线观察。通过区域地质踏勘工作,实地了解主要地质构造特征,成矿地质背景条件。

踏勘时应适当采集关键地段、有代表性地质、矿化现象的岩矿标本,并进行必要的岩矿鉴定或快速分析测试。通过踏勘选择确定实测地质剖面位置,建立遥感解译标志。

(2) 区域矿产踏勘工作

区域矿产踏勘工作是预查工作的关键基础工作,一般情况下,工作区内都有一定数量的矿化线索、矿化点、矿点、物探、化探异常区,因此必须全面开展踏勘工作,对不同类型的矿化线索,都必须进行现场踏勘。对有较多工作程度较高矿产地的地区,应经过分类,对不同类型的代表性矿产地进行全面踏勘,详细了解矿化特征、成矿地质背景、工作程度、以往评价存在问题等情况,修订原有的矿产卡片。

对已有成型矿床的远景区,必须开展典型矿床的野外专题调查工作,通过实地观察,详细了解矿床成矿地质条件、矿化特征、找矿标志等资料,以便指导远景区总体评价工作。

根据中国地质调查局工作标准《矿产远景调查技术要求》(DD 2010—05),对与成矿有关的沉积岩,应在已划分的岩石地层单位基础上,进一步划分其岩性及岩石组合,大致查明沉积岩层的岩石类型、物质成分、沉积特征、含矿性、接触关系、时空分布变化,建立岩石地层层序,分析其沉积相与沉积环境,研究沉积作用与成矿作用关系。

对与成矿有关的侵入岩,在已划分侵入体的基础上,大致查明其岩石类型、形态与规模、矿物成分与岩石地球化学特征、结构构造、接触关系、包体与脉岩的规模、产状、组分等,以及与成矿有关的侵入体内外接触带的交代蚀变、同化混染和分异特征、矿化特征等,圈定接触带、捕房体或顶盖残留体,测量接触带产状。根据侵入体相互接触关系和同位素年龄资料确定侵入体的侵入时代和侵入顺序,研究其时空分布规律及与围岩和成矿的关系、控矿特征,研究侵入体及岩浆作用与成矿关系。

对与成矿有关的火山岩,应在已划分的岩石地层单位基础上,进一步划分其岩性(岩相)及岩石组合,大致查明火山岩岩石的岩石类型、矿物成分、结构构造、地球化学特征、产状与接触关系、空间分布,以及沉积夹层、火山地层层序等特征,划分火山喷发韵律和喷发旋回,建立火山岩地层层序,确定火山喷发时代,分析火山岩时空分布规律,研究火山作用与区域构造及成矿作用的关系。对与成矿作用密切的火山活动,应圈定火山机构,划分火山岩相,分析研究火山机构、断裂、裂隙对矿液运移和富集的控制作用及与火山作用有关的岩浆期后热液蚀变、矿化特征。

对与成矿有关的变质岩,应在已划分的构造-地(岩)层或构造-岩石单位基础上,进一步划分其岩性及岩石组合,大致查明变质岩石的岩石类型、矿物成分、结构构造及主要变质岩类型的岩石地球化学等特征,恢复原岩及其建造类型。大致查明不同变质岩石类型的空间分布、接触关系及主要控制因素,并建立序次关系。对成矿作用密切的变质岩,应进一步研究其岩石组合、变质变形特征,划分变质相和变质带,研究变质期次、时代及其与成矿作用的关系。

对与成矿有关的构造,应大致查明基本构造类型和主要构造的形态、规模、产状、性质、生成序次和组合特征,建立区域构造格架,探讨不同期次构造叠加关系及演化序列。深入研究成矿有关的褶皱、断裂构造或韧性剪切带等构造特征,以及矿体在各类构造中的赋存位置和分布规律,分析构造活动与沉积作用、岩浆作用、变质作用及成矿作用的关系。

(3)地球物理、地球化学勘查工作

一般情况下,区域矿产资源远景评价工作应当在已完成 1∶25 万~1∶50 万地球物理(包括航空或地面)、地球化学勘查工作的基础上进行,如尚未开展 1∶25 万~1∶50 万地球物理及地球化学勘查工作的地区,应单独立项开展 1∶25 万~15∶50 万地球物理及地球化学勘查工作。一般情况下,成矿远景区矿产资源评价工作应当在已完成 1：5 万地球化学勘查工作的基础上进行,如尚未开展 1：5 万地球化学勘查工作的地区,应单独立项开展 1：5 万地球化学勘查工作,必要时应单独立项开展 1：5 万地球物理勘查工作。

对重要矿化地段,重要物探、化探异常区,以及开展物探、化探异常二级查证的地区应部署大比例尺(一般为 1：2.5 万~1：1 万)地球物理、地球化学勘查工作。

对部署钻探工程的地区,必须作地球物理精测剖面,地球化学加密剖面。对钻探工程在条件适宜的情况下,应开展井中物探工作。

地球物理和地球化学勘查方法应根据具体地质条件,选择有效的方法。

(4)遥感地质调查工作

遥感地质调查工作应贯穿于预查工作的全过程,收集资料及综合分析工作阶段,应选用合适的遥感影像数据,进行图像处理,制作同比例尺遥感影像地质解释图件。野外踏勘阶段,必须对遥感解释进行对照修正,最大限度地通过野外踏勘,提取地层、岩石、构造、矿产等与成矿有关的信息以及确定矿产远景地段。室内综合研究阶段,应利用遥感资料提供成矿远景区,优化普查区,提供矿化蚀变地段。

(5)矿点检查和物探、化探异常查证工作

经过收集资料,综合分析,区域地质踏勘,区域矿产踏勘,物探、化探、遥感等资料综合分析及数据处理工作,对具有成矿远景的矿产地或矿化线索以及有意义的物探、化探异常开展检查工作,主要内容包括:草测大比例尺地质矿产图件,开展大比例尺物探、化探工作,布置少量探矿工程。了解远景地段的矿化特征,提出可供普查的矿化潜力较大地区,或者提出可供普查的矿产地。

对物探、化探异常查证工作,按照异常查证有关规定执行。

(6)探矿工程

预查阶段的探矿工程布置,要求达到揭露重要地质现象和矿化体的目的。

槽井探、坑探和钻探等取样工程应布置在矿化条件好,致矿异常可能性大或追索重要地质界线的地段。探矿工程的布置需有实测或草测剖面,使用钻探手段查证异常时,孔位的确定要有实际依据,一旦物性前提存在,应用物探有关勘查方法的精测剖面反演成果确定孔位、孔斜和孔深;在围岩地层和矿层中岩矿心采取率要符合有关规范、规定的要求。

(7)采样和化验工作

预查工作必须采集足够的与矿产资源潜力评价相关的各类分析样品,各类采样、化验工作技术要求参照有关规范、规定执行。

(8)工程编录工作

野外编录工作按照有关《固体矿产勘查原始地质编录规定》(DZ/T0078—1993)标准执行。

5.2.4　预测资源量(334₁、334₂)的估算

1. 预测资源量(334₂)的估算条件

(1)初步研究了区内地质构造特征和成矿地质背景、各类异常的分布范围和特征、矿点、矿化点和矿化蚀变带的分布;

(2)经过三级异常查证,获得了相应的数据,判定属矿致异常特征者或通过矿(化)点及有关民采点、老硐评价证实有潜力的地区;

(3)编制了估算 334₂ 资源量所需的地质图件;

(4)估算参数除预查工作实测外,部分参数可与地质特征相似的已知矿床类比,新类型矿床的估算参数要按地质调查的实际资料获取。

2. 预测资源量(334₁)的估算条件

(1)初步了解了工作区内的地质构造、矿点、矿化点、矿化蚀变带、各类异常的分布范围和特征;

(2)异常、矿(化)点经过了三级至二级查证,已有见矿工程;

(3)据地表观察和物、化、遥异常推断了矿体的产状、规模、分布范围,矿石品位和自然类型;

(4)顺便了解了工作区的水文地质、工程地质、环境地质和开采技术条件。

5.2.5　预查工作提交成果

1. 预查地质报告及附件、附表、附图

(1)预查地质报告

预查地质报告主要包括以下内容:

1)工作目的和任务;

2)自然地理及经济条件;

3)以往地质工作评述;

4)区域地质背景;

5)区域矿产资源远景评价;

6)成矿远景区矿产资源评价;

7)预查工作方法及质量评述;

8)预测资源量估算;

9)结论。

(2)预查地质报告一般应附的附图、附件和附表

矿产预查地质报告中常见的附图包括交通位置图、研究程度图、实际材料图、地质矿产图、物化探参数图、物化探推断成果图、遥感解释图、地质和工程剖面图、成矿预测图、预测资源量估算图、地质工作部署建议图、工程编录图等。

有关预查项目的批复文件应作为预查地质报告的附件。矿产预查报告常见的附表包括：样品登记和分析结果表；预测资源量评价数据表（各工程、各剖面、各块段的矿体平均品位、平均厚度或面积、体积计算表）；地球物理、地球化学勘查各类数据表；物化探异常登记表和异常查证结果表；探矿工程一览表；生产矿井、老硐、民采坑道等资料汇总表；质量验收资料；插图图册、照片图册；新发现矿产地和可供普查的矿产地登记表；重要的原始资料清单等。

2. 数据光盘及其相关的数字化资料

重要的勘查工作可摄制成声像资料；所有的地质信息资料均应按照相关要求刻录于光盘中。

预查工作成果要以纸质和电子文档的方式报相关部门审查和存档。

5.3　矿产普查阶段

矿产普查的工作比例尺一般在 1∶10 万～1∶1 万，主要采用的方法包括相应比例尺的地球物理、地球化学、地质填图、稀疏的勘查工程等。

5.3.1　矿产普查的目的和任务

根据中国地质调查局工作标准《固体矿产普查暂行规定》（DD 2000—02），矿产普查的目的是对预查阶段提出的可供普查的矿化潜力较大地区和地球物理、地球化学异常区，通过开展面上的普查工作，已发现主要矿体（点）的稀疏工程控制、主要地球物理、地球化学异常及推断的含矿部位的工程验证，对普查区的地质特征、含矿性和矿体（点）作出评价，提出是否进一步详查的建议及依据。

其任务是在综合分析、系统研究普查区内已有各种资料的基础上，进行地质填图，露头检查，大致查明地质、构造概况，圈出矿化地段；对主要矿化地段采用有效的地球物理、地球化学勘查技术方法，用数量有限的取样工程揭露，大致控制矿点或矿体的规模、形态、产状，大致查明矿石质量和加工利用可能性，顺便了解开采技术条件，进行概略研究，估算推断的内蕴经济资源量（333）等。必要时圈出详查区范围。

5.3.2　矿产普查要求的地质研究程度

本阶段的勘查程度要求搜集区内地质、矿产、物探、化探和遥感地质资料，通过适当比例尺的地质填图和物探、化探等方法及有限的取样工程，大致查明普查区的成矿地质条件，大致查明矿体（层）的形态、分布、规模、产状和矿石质量，推断矿体的连续性，大致了解矿床开采技术条件，对矿石加工选冶性能进行类比研究，最终提出是否具有进一步详查的价值，并圈出可供进一步开展详查工作的范围。

1. 地质研究程度

在预查工作和搜集区内各种比例尺的区域地质调查资料的基础上,视研究程度和实际需要开展地质填图工作。对区内地层、构造和岩浆岩的产出、分布及变质作用等基本特征的查明程度,应达到相应比例尺的精度要求。

全面搜集区内各种地质资料和研究成果,注重搜集和研究区内与矿体(点)形成有内在联系的成矿地质条件资料进行分析。与沉积有关的矿产应着重搜集研究沉积环境方面的资料及含矿岩层(系)的产出、层位、层序和岩石组合等资料;与岩浆活动有关的矿产应着重搜集研究岩石类型、围岩及接触关系、蚀变特征等方面的资料;与变质作用有关的矿产应着重搜集研究变质作用及其产物的物质组成和空间展布等方面的资料;对主要(控矿)构造应大致查明其性质、规模、分布及与矿化的关系。

2. 矿产研究

依据区内矿产、地球物理、地球化学和重砂矿物、遥感影像特征,结合区域成矿地质背景、已有矿产资料、矿山生产资料、矿化类型、蚀变分带、分布特点、矿体的展布特征、矿石的物质组成,矿石矿物、脉石矿物、结构构造、矿石品位、有关物理化学性质及有害组分含量;对重点解剖的主要矿体(点),充分运用区域成矿规律和新理论进行深入研究,指导区内的找矿工作。注重综合评价,应了解共、伴生矿产及其品位和质量,并研究其分布特点。

3. 开采技术条件研究

顺便了解与矿山开采有关的区域和测区范围内的水文地质、工程地质、环境地质条件。矿化强度大、拟选为详查的地区,当水文地质条件复杂或地下水丰富时,应适当进行水文地质工作,了解地下水埋藏深度、水质、水量及与矿体(点)的关系、近矿岩石强度等。

4. 矿石加工技术选冶性能试验

对已发现矿产应与同类型已开采矿产的矿石物质组成、结构构造、嵌布特征、粒度大小、品位、有害组分等进行类比,并就矿石加工选冶的可能性作出评述;对无可比性的矿石应进行可选(冶)性试验或加工技术性能试验。

对有找矿前景的全新类型矿石,应先进行专门的矿石加工技术选冶性能试验研究,为是否需要进一步工作提供依据。

5.3.3　矿产普查的控制要求

普查工作重在找矿,要求对整个普查区的矿产潜力作出评价。通过对面上工作各种资料的全面综合分析研究和对矿体(点)进行数量有限的取样工程,大致了解矿石质量和利用可能性,有依据地估算矿产资源的数量,最终提出是否具有进一步详查的价值,圈定出详查区范围。

　　普查阶段一般应填制 1∶5 万地质图,地质条件复杂、测区范围小、找矿前景大时可填制 1∶2.5 万地质图。对矿化明显的局部地段,为满足施工工程、控制矿体(点)、估算矿产资源数量的要求,可填制 1∶1 万~1∶2000 地质简图。

　　对发现的矿体,地表用稀疏取样工程、深部有极少量控制性工程证实,大致控制其规模、产状、形态、空间位置,并分别详细记录矿体实测和有依据推测的规模、长度、厚度及可能的延深。

5.3.4　矿产普查技术方法

　　(1)测量工作:必须按规定的质量要求提供测量成果。工程点、线的定位鼓励利用 GPS 技术,提高测量工作质量和效率。

　　(2)地质填图:地质填图尽可能使用符合质量要求的地形图,其比例尺应大于或等于地质图比例尺,无相应地形图时可使用简测地形图。地质填图方法要充分考虑区内地形、地貌、地质的综合特征及已知矿产展布特征,对成矿有利地段,要有所侧重。对已有的不能满足普查工作要求的地质图,可根据普查目的要求进行修测或搜集资料进行修编。

　　(3)遥感地质:要充分运用各种遥感资料,对区内的地层、构造、岩体、地形、地貌、矿化、蚀变等进行解释,以求获得找矿信息,提高普查工作效率和地质填图质量。

　　(4)重砂测量:对适宜运用重砂测量方法找矿的矿种,应开展重砂测量工作,测量比例尺要与地质填图比例尺相适应。对圈定的重砂异常,根据需要择优进行检查验证,作出评价。

　　(5)地球物理、地球化学勘查:应配合地质调查先行部署,用于发现找矿信息,为工程布置、资源量估算提供依据,根据普查区的具体条件,本着高效经济的原则合理确定其主要方法和辅助方法。比例尺应与地质图一致,对发现的异常区应适当加密点、线,以确定异常是否存在和大致形态。

　　对有找矿意义的地球物理、地球化学异常,结合地质资料进行综合研究和筛选,择优进行大比例尺的地球物理和(或)地球化学勘查工作,进行二级至一级异常的查证。当利用物探资料进行资源量估算时,应进行定量计算。验证钻孔和普查钻孔应根据具体地球物理条件,进行井中物探测量,以发现或圈定井旁盲矿。

　　(6)探矿工程:根据已知矿体(点)的信息和地形、地貌条件,各类异常性质、形态、地质解释特征以及技术、经济等因素合理选用。

　　探矿工程布设应选择矿体和含矿构造及异常的最有利部位。钻探、坑道工程,应在实测综合剖面的基础上布置。

　　(7)样品采集、加工:样品的采集要有明确的目的和足够的代表性。

　　普查阶段主要采集光谱样、基本分析样、岩矿鉴定样、重砂样、化探样及物性样等。有远景的矿体(点)还应采取组合分析样、小体重样等。必要时采集少量全分析样。

样品的加工应遵循切乔特公式($Q=Kd^2$)的要求(见 8.4 节),K 值可取经验值。样品加工损失率不大于 3%,砂矿样品应由合格的淘洗工在现场使用能回收尾砂的容器中进行。对尾矿砂要反复淘洗,所得重砂合并为一个基本样品。

基本分析样依据矿种和探矿工程的不同,选择经济合理的取样方法,坑探工程一般应采用刻槽取样的方法,刻槽断面一般为 10cm×3cm 或 10cm×5cm,不适宜刻槽取样的矿种应在设计中规定;钻探工程的矿心样应用锯片沿长轴 1/2 锯开,取其一半做样品,不得随意敲碎拣块,确保分析结果能反映客观实际。取样规格要保证测试精度的要求,样品的实际重量用理论重量衡量时应在允许误差范围内。

(8)编录:各种探矿工程都必须进行编录。探槽、浅井、钻孔、坑道要分别按规定的比例尺编制。有特殊意义的地质现象,可另外放大表示,图文要一致,并应采集有代表性的实物标本等。

地质编录必须认真细致,如实反映客观地质现象的细微变化,必须随施工进展在现场及时进行。应以有关规范、规程为依据,做到标准化、规范化。

(9)资料整理和综合研究:要贯穿普查工作的全过程。对获得的第一性资料数据应利用计算机技术和 GIS 技术进行科学的处理,对获得的各类资料和取得的各种成果应及时综合分析研究,结合区内或邻区已知矿床的成矿特征,总结区内成矿地质条件和控矿因素,进行成矿预测,指导普查工作。

普查工作中使用的各种方法和手段,其质量必须符合现行规范、规定的要求,没有规范、规定的,应在设计时或施工前提出质量要求经项目委托单位同意后执行。各项工作的自检、互检、抽查、野外验收的记录、资料要齐全,检查结论要准确。为保证分析质量,普查工作中要由项目组按规定送内、外检样品到有资质的单位进行分析、检查。

5.3.5　可行性评价工作要求

普查工作阶段可行性评价工作要求为开展概略研究,一般由承担普查工作的勘查单位完成。概略研究,是对普查区推断的内蕴经济资源量(333)提出矿产勘查开发的可行性及经济意义的初步评价,目的是研究有无投资机会,矿床能否转入详查等,从技术经济方面提供决策依据。

概略研究采用的矿床规模、矿石质量、矿石加工技术选冶性能、开采技术条件等指标,可以是普查阶段实测的或有依据推测的;技术经济指标也采用同类矿山的经验数据。

矿山建设外部条件、国内及地区内对该矿产资源供求情况,以及矿山建设规模、开采方式、产品方案、产品流向等,可根据我国同类矿山企业的经验数据及调研结果确定。

概略研究可采用类比方法或扩大指标,进行静态的经济分析。其指标包括总利润、投资利润率、投资偿还期等。

5.3.6　估算资源量的要求

　　矿产普查阶段探求的资源量属于推断的内蕴经济资源量(333),其估算参数一般应为实测的和有依据推测的参数,部分技术经济参数可采用常规数据或同类矿床类比的参数。当有预测的资源量(334₁)需要估算时,其估算参数是有依据推测的参数。

　　矿体(点或矿化异常)的延展规模,应依据成矿地质背景、矿床成因特征和被验证为矿体的异常解释推断意见、矿体产状及有限工程控制的实际资料推断。

5.3.7　矿产普查工作提交成果

　　矿产普查工作提交的成果包括地质报告及附图、附件、附表等。

　　1.矿产普查地质报告

　　矿产普查地质报告包括以下主要内容:

　　(1)工作目的任务及完成情况;

　　(2)普查区范围、交通位置及自然经济状况;

　　(3)普查区以往地质工作评述;

　　(4)普查区地质特征,阐述其地层、构造、岩浆岩、变质作用、水文地质条件;

　　(5)普查区地球物理、地球化学特征及解释推断意见,阐述地球物理、地球化学场特征,物探、化探异常描述及验证结果,物探、化探推断(或圈定)矿体的意见;

　　(6)普查区矿产特征,矿化带(点)的分布特征、矿体产出特征、矿石质量等,新发现的矿产地、可供详查的矿产地;

　　(7)普查区含矿性总体评价;

　　(8)普查技术方法及质量评述,地形、工程测量、地质填图、遥感地质、物探、化探、探矿工程、重砂测量、取样与加工、分析测试、资料编录;

　　(9)推断的内蕴经济资源量(333)、预测的内蕴资源量(334₁)估算(参数确定、估算原则、估算方法的选择及结果);

　　(10)可行性概略研究(参照《固体矿产资源/储量分类》GB/17766—1999 相关要求,必要时可另册编制);

　　(11)结论。

　　2.矿产普查报告一般应附的文件、表格、图件

　　矿产普查报告中主要的附件和附表为:地质勘查许可证及工作任务书等;资源量估算指标;矿石可选性或加工技术性能试验资料;地质工作质量验收材料;样品化学分析表;样品内外检结果计算表;有关岩、矿石物性测定表;水文地质调查表;推断的资源量估算表。

主要的附图包括:研究程度图,地形地质图,实际材料图,各种异常图,地球物理,地球化学,遥感推断图,矿产及预测图,主要矿体图件,资源量估算图,以及其他必要图件。

矿产普查项目提交地质成果(包括光盘)应反映客观实际。文字报告应简明扼要、重点突出、文理通顺,文图表吻合,图件编绘应符合有关质量要求。所提交的正式成果,应经项目承担者及技术负责人签字。

5.4　矿产详查阶段

实践证明,预查阶段所发现的异常和矿点(或矿化区)并非都具有工业价值。经过普查阶段的勘查工作后,其中大部分异常和矿点(或矿化区)由于成矿地质条件差、工业远景不大而被否定,只有少数矿点或矿化区被认为成矿远景良好,值得进一步研究。也只有通过揭露研究,肯定了所勘查的靶区具有工业远景后,才能转入勘探。因此,勘探之前针对普查中发现的少数具有成矿远景的异常、矿点或矿化区进行的比较充分的地表工程揭露以及一定程度的深部揭露,并配合一定程度的可行性研究的勘查工作阶段,称为详查。详查阶段的工作比例尺一般在 1:2万~1:1000,其目的是确认工作区内矿化的工业价值、圈定矿床范围。

5.4.1　详查工作的基本原则

详查阶段在矿床勘查过程中所处的地位决定了它在勘查工作上具有普查和勘探的双重性质,即在此阶段既要继续深入地进行普查找矿,尤其是深部找矿,又要按勘探工作的技术要求部署各项工作。在工作过程中应遵循如下原则。

1. 详查区的选择

在选择详查区时,目标矿床应为高质量矿床,即是要优选矿石品位高、矿体埋藏浅、易开采和加工、距离主要交通线近的矿点作为详查靶区。

详查区可以是经过普查工作圈定的成矿地质条件良好的异常区或矿化区,也可以是在已知矿区外围或深部,经大比例尺成矿预测圈出的可能赋存隐伏矿体的成矿远景地段,值得进行深部揭露。具体选区和部署工程时,可参考下面两种情况:

(1)经浅部工程揭露,矿石平均品位大于边界品位,已控制的矿化带连续长度大于 50m,而且成矿地质条件有利、矿化带在走向上有继续延伸、倾向上有变厚和变富的趋势的地段;

(2)规模大的高异常区,且根据地质、地球物理、地球化学综合分析认为成矿条件很好的地区,有必要进行深部工程验证。

2. 由点到面、点面结合,由浅入深、深浅结合

这里的点是指详查揭露部位,一般范围不大,但所需揭露的部位并不是孤立

的,其形成和分布与周围地质环境有着紧密的联系。因此,在详查工作中必须把点与周围的面结合起来,由点入手,利用从点上获得成矿规律的深入认识和勘查工作经验,指导面上的勘查研究工作,同时又要根据面上的研究成果,促进点上详查工作的深入发展。另一方面,详查工作应先充分进行地表和浅部揭露,然后利用地表和浅部工作所获得的认识指导深部工程的探索和研究。

采用地表与地下相结合、点上与外围相结合、宏观与微观相结合、地质与地球物理以及地球化学方法相结合的研究方式,形成一个完整的综合研究系统,各方面的研究成果互相补充、互相印证。

5.4.2　详查设计

详查设计是部署各项详查工作的依据和实施方案,也是检查各项任务完成情况的依据。因此,必须在全面收集工作区内地质、地球物理、地球化学等资料的基础上,科学合理地编制项目设计。

1. 详查设计的一般程序和要求

(1)现有资料的综合研究

在全面收集资料的基础上,应对各种资料进行认真的综合整理和分析研究,深入了解详查区内的地质特征及区域地质背景,充分认识各类异常和矿化的赋存条件及分布特征;认真分析前人的工作情况、研究程度、基本认识和工作建议等,总结前人工作的经验和教训,既要充分利用好前人的资料,又需要突破和创新。

(2)现场踏勘

为了加深对详查区地质和矿化特征的认识,在室内资料综合分析研究的基础上,设计组全体人员应到野外进行实地踏勘,重点了解工作区内主要的地质构造特征、岩性分布和露头发育程度、各类异常和矿化特征,以及地形地貌、气候和交通条件等,以便科学合理地选择勘查手段和布置工程。

(3)编制设计

在资料综合分析和现场踏勘的基础上,针对某些重大问题进行学术研讨,形成工作方案,然后编制设计。详查设计由文字报告和设计附图两部分组成。文字报告的内容一般包括区域地质、详查区地质和矿化特征、勘查手段和工程部署方案的技术思路及其要求、地质研究工作要求、取样工作要求等。在文字报告中应根据已经掌握的地质特征和矿化规律,对设计依据进行充分论证,对各项工作的技术要求进行详细阐述,对预期成果应有充分的估计。

设计附图一般包括区域地质图、详查区地形地质图、勘查工程设计总体布置图、地球物理和地球化学工作设计平面图、坑道勘查设计平面图、钻孔设计剖面图等图件。图件编制要求详见有关规范。

(4)设计审批

详查项目设计应在施工前两三个月提交上级主管部门审批。未经批准的设计不得施工;设计一经批准,不得随意更改。如遇情况变化需要更改设计时,应补报上级核准。

2.详查设计应注意的几个问题

在设计过程中,既要注意对详查工作区进行全面研究,又要重点突破,尽快查明其工业远景以及矿化赋存规律,充分体现由点到面、点面结合,由浅入深、深浅结合的战略战术思想。因而,设计过程中应注意以下几方面问题:

(1)勘查工程的布置(见第 7 章)应有针对性、系统性和灵活性。所谓针对性是指工程揭露的目标要具体,明确揭露对象(如矿化体、控矿构造或岩体等)和穿透部位;第一批工程要布置在最有可能见矿的地段和部位。系统性是指工程布置要考虑勘查项目的发展情况进行总体设计,即按一定的勘查系统布置工程。灵活性是指工程定位时,在不影响设计目的和勘查效果的情况下,其地表实际位置相对于设计位置可适当位移(但最终的成果图上所标定的位置是工程竣工后的位置而不是设计位置),施工顺序也可适当变更。

(2)工程的总体设计本着由点到面、点面结合,由浅入深、深浅结合的思想,地表和浅部的揭露要充分,以便掌握规律,预测深部;深部工程应根据浅部工程获得的资料和线索"顺藤摸瓜",先稀疏控制,再适当加密。

(3)设计中要把科学研究纳入项目实施的内容,确定研究专题的目的、任务和要求以及完成期限等。

5.4.3　详查工作要求

(1)通过 1∶1 万~1∶2000 地质填图,基本查明成矿地质条件,描述矿床地质模型。

(2)通过系统的取样工程、有效的地球物理和地球化学勘查工作、控制矿体的总体分布范围,基本控制主矿体的矿体特征、空间分布,基本确定矿体的连续性;基本查明矿石的物质成分、矿石质量;对可供综合利用的共生和伴生矿产进行了综合评价。

(3)对矿床开采可能影响的地区(矿山疏排水位下降区、地面变形破坏区、矿山废弃物堆放场及其可能的污染区),开展详细的水文地质、工程地质、环境地质调查,基本查明矿床的开采技术条件。选择代表性地段对矿床充水的主要含水层及矿体围岩的物理力学性质进行试验研究,初步确定矿床充水的主(次)要含水层及其水文地质参数、矿体围岩岩体质量和主要不良层位,估算矿坑涌水量,指出影响矿床开采的主要水文地质、工程地质,以及环境地质问题;对矿床开采技术条件的复杂性作出评价。

(4)对矿石的加工选冶性能进行试验和研究,易选的矿石可与同类矿石进行类比,一般矿石进行可选性试验或实验室流程试验,难选矿石还应作实验室扩大连续试验。饰面石材还应有代表性的试采资料。直接提供开发利用时,试验程度应达到可供设计的要求。

（5）在详查区内，依据系统工程取样资料，有效的物探、化探资料以及实测的各种参数，用一般工业指标圈定矿体，选择合适的方法估算相应类型的资源量，或经预可行性研究，分别估算相应类型的储量、基础储量、资源量。为是否进行勘探决策、矿山总体设计、矿山建设项目建议书的编制提供依据。

（6）报告编写格式和要求详见中华人民共和国地质矿产行业标准《固体矿产勘查报告格式规定》（DZ/T0131—1994）。

5.5　矿产勘探阶段

矿产勘探是对已知具有工业价值的矿床或经详查圈出的勘探区，通过加密各种采样工程（其间距足以肯定工业矿化的连续性），详细查明矿体的形态、产状、大小、空间位置和矿石质量特征；详细查明矿床开采技术条件，对矿石的加工选（冶）性能进行实验室流程试验或实验室扩大连续试验；为可行性研究和矿权转让以及矿山设计和建设提交地质勘探报告。

5.5.1　勘查工作程度要求

通过1∶5000~1∶1000（必要时可采用1∶500）比例尺地质填图，加密各种取样工程及相应的工作，详细查明成矿地质条件及内在规律，建立矿床的地质模型。

详细控制主要矿体的特征、空间分布；详细查明矿石物质组成、赋存状态、矿石类型、质量及其分布规律；对破坏矿体或划分井田等有较大影响的断层、破碎带，应有工程控制其产状及断距；对首采地段主矿体上、下盘具工业价值的小矿体应一并勘探，以便同时开采；对可供综合利用的共、伴生矿产应进行综合评价，共生矿产的勘查程度应视矿种的特征而定：异体共生的应单独圈定矿体；同体共生的需要分采分选时也应分别圈定矿体或矿石类型。

对影响矿床开采的水文地质、工程地质、环境地质问题要详细查明。通过试验获取计算参数，结合矿山工程计算首采区、煤田第一开采水平的矿坑涌水量，预测下一水平的涌水量；预测不良工程地段和问题；对矿山排水、开采区的地面变形破坏、矿山废水排放与矿渣堆放可能引起的环境地质问题作出评价；未开发过的新区，应对原生地质环境作出评价；老矿区则应针对已出现的环境地质问题（如放射性、有害气体、各种不良自然地质现象的展布及危害性）进行调研，找出产生和形成条件，预测其发展趋势，提出治理措施。

在矿区范围内，针对不同的矿石类型，采集具有代表性的样品，进行加工选冶性能试验。可类比的易选矿石应进行实验室流程试验；一般矿石在实验室流程试验基础上，进行实验室扩大连续试验；难选矿石和新类型矿石应进行实验室扩大连续试验，必要时进行半工业试验。

勘探时未进行可行性研究的,可依据系统工程及加密工程的取样资料、有效的物、化探资料及各种实测的参数,用一般工业指标圈定矿体,并选择合适的方法,详细估算相应类型的资源量。进行了预可行性研究或可行性研究的,可根据当时的市场价格论证后所确定的、由地质矿产主管部门下达的正式工业指标圈定矿体,详细估算相应类型的储量、基础储量,以及资源量,为矿山初步设计和矿山建设提供依据。探明的可采储量应满足矿山返本付息的需要。

5.5.2　勘查类型划分及勘查工程布置的原则

正确划分矿床勘查类型是合理地选择勘查方法和布置工程的重要依据,应在充分研究以往矿床地质构造特征和地质勘查工作经验的基础上,根据矿体规模、矿体形态复杂程度、内部结构复杂程度、矿石有用组分分布均匀程度、构造复杂程度等主要地质因素加以确定。

勘查工程布置原则应根据矿床地质特征和矿山建设的需要具体确定。一般应在地质综合研究的基础上,并参考同类型矿床勘探工程布置的经验和典型实例,采取先行控制,由稀到密、稀密结合,由浅到深、深浅结合,典型解剖、区别对待的原则进行布置。为了便于资源储量估算和综合研究,勘查工程尽可能布置在勘查线上。

一般情况下,地表应以槽井探为主,浅钻工程为辅,配合有效的地球物理和地球化学方法,深部应以岩心钻探为主;在地质条件复杂,钻探不能满足地质要求时,应尽量采用部分坑道探矿,以便加深对矿体赋存规律和矿山开采技术条件的了解,坑道一般布置在矿体的浅部;当采集选矿大样时,也可动用坑探工程;对管条状和形态极复杂的矿体应以坑探为主。

加强综合研究掌握地质规律,是合理布置勘查工程、正确圈定矿体的重要依据。地质勘查程度的高低不仅取决于工程控制的多少,还取决于地质规律的综合研究程度。因此要充分发挥地质综合研究的作用,防止单纯依靠工程的倾向,努力做到正确反映矿床地质实际情况。

各种金属矿床的勘查类型和勘查工程间距,应在总结过去矿床勘查经验的基础上加以研究确定。

5.5.3　矿床勘查深度的确定

矿床的勘查深度,应根据矿床特点和当前开采技术经济条件等因素考虑。对于矿体延深不大的矿床,最好一次勘探完毕。对延深很大的矿床,其勘查深度一般为 $400\sim600m$,在此深度以下,只需打少量深钻,控制矿体远景,为矿山总体规划提供资料。对于埋藏较深的盲矿体,其勘查深度可根据国家急需情况,与开采部门具体研究确定。

5.5.4　勘查设计

勘查设计的内容包括文字说明书和图件两部分,在有关规范中有明确的要求。文字说明书应阐明:设计的指导思想、目的任务、地质依据;探矿工程的布置;地球物理和地球化学方法的应用;设计工作量和工程施工程序;勘查质量要求和主要技术措施;所需人力、物力、财力的预算和预期的工作成果等。设计图件的种类和数量应根据工作任务和地质条件具体确定。一般应有矿床地形地质图、勘查工程布置图、勘查线设计剖面图以及其他论证地质依据的图件资料等。

勘查设计根据其性质和任务的不同可分为总体设计、年度设计,以及补充设计。总体勘查设计是在矿床转入勘查阶段时,根据工作区的地质特点、范围大小、发展远景以及人力、物力、财力等情况,对勘查工作进行统一安排和部署。特别是在勘查地段的顺序安排和勘查系统的选择上,既要考虑近期的勘查任务,又要兼顾矿床的将来发展远景。所以,总体设计必须按有关规范的要求周密地编制。

年度勘查设计一般是在年度勘查工作总结和认识的基础上编制。它主要叙述来年勘查工作的安排和工作部署,也要进行勘查费用和勘查成果的预测。

补充勘查设计主要是针对某些勘查工作已基本结束,但未达到预期的勘查程度或在勘查过程中遇到某些情况变化,需要及时进行补充工作而作的勘查设计。这种设计往往属于单项工程设计或对原设计的补充。

勘探报告的编写格式和技术要求参见《固体矿产勘查报告格式规定》(DZ/T0131—1994)。

5.5.5　关于储量比例

储量比例反映了对一个矿区整体的勘查程度,也必然反映了工程投入和资金投入的多少。在计划经济体制下,国家是勘查开发投资者,要求勘查者按一定的储量比例进行勘查,以求将开发投资风险降至最低。过去关于储量比例的规定有一定的经验依据,而且也可以灵活应用,但在计划经济体制下,勘查和开发工作及其投资是分部门管理,有部门利益的驱使,勘查、设计各方面都不愿意突破这一界线,使灵活的规定失去了原来的意图而变得僵化。

在市场经济条件下,各类投资者都是自己承担风险,不存在计划经济条件下分部门管理的问题,现在的《固体矿产勘查规范总则》取消了各类储量比例的规定,只要求按勘查阶段,确定相应类型的资源储量即可。预查阶段估算预测资源量;不具备条件时,可以不予估算;普查阶段估算推断的资源量与预测的资源量,各类资源量无比例要求;详查阶段估算相应类别的资源量,经过了预可行性研究,估算相应类别的基础储量和资源量(控制的预可采储量应达矿山最低服务年限的需要;最低服务年限由投资者确定);勘探阶段估算相应类别的资源量,经过预可行性或可行性研究的,估算相应类别的基础储量和资源量(探明的可采储量应满足矿山返本付息的需要)。

5.5.6　可行性研究

1.可行性研究的条件

满足下列条件可开展可行性研究:

(1)具有投资者(业主)对项目进行可行性研究的委托(协议、合同)书;

(2)具有预可行性研究成果;

(3)拟建矿山,具有达到勘探程度的勘探地质报告,或达到勘探程度能满足可行性研究所需的各种矿产地质基础资料及相应的矿石选冶加工性能试验资料;

(4)具有研究所需的其他各种技术经济资料及相关资料。

2.可行性研究的内容和要求

(1)市场调研及预测,包括产品及主要原辅材料市场评述。要求说明该项目的必要性,确定产品的市场参数,如该矿产品的市场容量、供求状况、价格水平和走势、销售策略、销售费用等。

(2)资源条件评价,包括勘探地段矿产资源储量评述、矿石选冶加工技术性能试验及开采技术条件评述、外部建设条件评述等,这部分内容是可行性研究中最重要的部分。

(3)矿山建设方案研究,包括生产规模、厂址、产品、技术、设备、工程、原材料供应等局部方案的研究和总体方案的研究;环境影响评价、劳动安全卫生、节能节水;组织机构设置及人力资源配置;建设实施进度及投产达产进度设计、建设投资估算和生产期更新投资估算、生产流动资金估算、生产成本和费用估算。应进行多方案比较、择优而定,所形成的总体方案,需协调优化,化解瓶颈和消除功能过剩。

(4)经济评价,包括财务分析和评价指标计算(含不确定性分析)、必要时进行国民经济评价和社会评价、风险分析和风险化解措施(有概率条件时)、资金筹措方案等。经济评价是为矿床开发项目推荐技术上可行、经济上合理、环保上允许的最佳方案,为投资决策提供所有必要的资料,包括矿产资源储量、政策、技术、工程、财务、经济、环保、商务等。经济评价指标计算公式和基本报表、辅助报表等,执行《建设项目经济评价方法与参数》(第二版)的要求。

(5)结论与建议,对影响项目的关键性因素的研究结果应有肯定的结论,选定的厂址、规定的生产能力、生产大纲、原辅材料的投入、工艺技术、机械设备、供水供电、建构筑物、内外部运输、组织管理机构、建设进度等都是经多方案研究后相互协调的结果,使项目的技术和经济数据都能满足投资有关各方的审查评估需要以及银行的认可。

第6章 固体矿产资源量/储量的分类系统

在矿产勘查过程中,人们对矿床的研究和认识是随着勘查工程控制的程度而逐步深入的,不同类型的矿床、不同勘查阶段、工程的控制程度不同,所估算的矿产资源储量的可靠程度不同,其所提供资料的作用也不同。因此,有必要将矿产资源储量按其控制和可靠程度分为不同的类别。一般说来,资源储量按地质控制精度分级,按技术经济可利用性分类。目前大多数国家都把这种分类标准框架称为资源量/储量分类系统,把地质精度与经济可行性均作为资源量/储量分类的因素考虑。

资源储量类别是由国家有关部门或行业协会制定的,用作统一区分和衡量矿产资源储量精度(或可靠程度)与技术经济可利用性的标准。资源储量类别划分的目的,是为了便于国家与矿山企业正确掌握矿产资源,统一矿产资源储量的估算、审批、统计和用途,更加经济合理地做好矿产地质勘查工作。因此,明确各类资源储量的工业用途具有重要意义。

国际上,随着矿业全球化进程的加快,勘查(矿业)公司需要拓宽和建立有效的融资途径,股市投资者要求提供透明并且容易理解的信息,显然有必要建立国际上可接受的披露矿产资源储量报告的标准。实际上,自20世纪90年代初期开始,联合国欧洲经济委员会(UNECE)和采矿及冶金学会理事会(CMMI,其成员国包括美国、澳大利亚、加拿大、英国以及南非和智利)这两个知名的国际组织就一直在致力于建立矿产资源量和矿石储量的国际定义和标准。

6.1 国际上主要的资源/储量分类系统简介

6.1.1 联合国分类框架

UNECE 专家工作组于1992年提出了联合国固体燃料和矿产品资源量和储量的分类框架(UN Framework Classification for Resources and Reserves of Solid Fuels and Mineral Commodities,UNFC),并分别于1997年、2004年和2009年进行了修订。该分类框架由联合国经济及社会理事会(UNECOSOC)签发并建议在全球范围内推广应用。

1997年推出的《联合国固体燃料和矿产品储量和资源量分类框架》(简称 UN-FC—1997)是在市场经济条件下评价固体矿产矿床而建立一种广泛的和国际通用的分类系统所做的最新尝试。同美国1980年的分类方案相比,这个方案采用3个坐标轴而不是2个坐标轴来框定储量/资源量的类别。第一个是地质轴,表明地质工作阶段,由深而浅为详细勘探、一般勘探、普查、预查。第二个为可行性轴,由深而浅为可行性研究/采矿报告、预可行性研究、地质研究。第三个轴为经济轴,由深而浅为经济的、潜在经济的、内蕴经济的(图6-1)。按照这一体系,可将储量/资源量框定为10个类别:证实矿产储量(proved mineral reserve)、概略矿产储量(probable mineral reserve,分为两类)、可行性矿产储量(feasibility mineral reserve)、预可行性矿产资源量(prefeasibility mineral resource,分为两类)、确定的矿产资源量(measuredmineralresource)、推定的矿产资源量(indicated mineral resource)、推测的矿产资源量(inferred mineral resource)、预查矿产资源量(reconnaissance mineral resource)。这一分类体系对各国资源量/储量分类体系之间的转换与接轨具有重要意义。

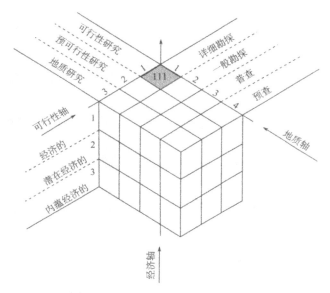

图6-1 联合国固体燃料和矿产资源储量分类三维框图

设计 UNFC 的目的是力图涵盖国际上所有现行资源/储量分类方案,为了克服术语不同和语言不同的障碍,UNFC 中采用了资源/储量类别的 EFG 数字编码系统,即第一位数字代表经济轴(E 轴),第二位数字代表可行性轴(F 轴),第三位数字代表地质轴(G 轴)。

2004 年修订的该分类框架扩展至油气和铀矿资源并更名为《联合国化石能源和矿产资源量分类框架》(简称 UNFC-2004)。20Q9 年,UNECE 颁布了最新修订的《联合国化石能源、矿产储量和资源量分类框架》(简称 UNFC-2009)。

UNFC-2009 的三维分类系统赋予了更丰富的内涵,利用影响资源量可采性的三个基本准则构建坐标轴:E 轴表示经济和商业可行性,反映在建立项目商业可行性方面的社会经济条件的有利度,包括市场价格、相关法律法规、环境以及合同条件的考虑。F 轴表示野外项目状态及其可行性,反映实施采矿计划或矿山基建项目所必需的研究和承诺期限的成熟度,这些研究从勘查初期的项目一直延续至开采和销售矿产品的采矿项目,从而反映了标准的价值链管理原则。G 轴表示地质可靠程度,反映地质控制以及潜在可采矿石量的可信度水平;相对以前的版本,地质轴的分类不再是按勘查阶段分,而是分为高、中、低的地质置信度。上述三个准则利用三维可视化的形式进行呈现(图 6-2)。

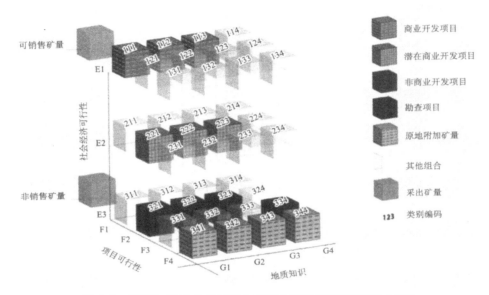

图 6-2　　UNFC-2009 分类框架中类别及类型实例(UNECE,2009)

　　UNFC-2009 的分类针对的是原地资源总量。原地资源总量包括已采出的矿量、剩余可采矿量,以及原地剩余附加矿量。

　　采出矿量是指在一个规定的时间段(通常是从最早有生产记录的时间开始至评价时为止的时间段)内已销售矿量和暂不销售矿量之和。暂不销售矿量具有内在经济价值。UNFC-2009 中之所以包含已采出矿量是为了有利于解释由于开采而导致剩余可采矿量的变化。

　　剩余可采矿量是指在指定的未来一个时间段内估计将被开采的可销售和暂不销售矿量之和。UNFC-2009 主要关注剩余可采矿量。

　　原地剩余附加矿量是指在起始时间点估计的原地矿量,其数量小于已采出矿量和估计的剩余可采矿量之和。原地剩余附加矿量只采用非经济术语描述,因为其可采性和经济可行性尚未进行评价。与暂不销售矿量一样,原地剩余附加矿量也具有内在经济价值。

　　从每个轴选出的类别(category)或亚类(sub-category)构成的特殊组合定义为

项目类型(class),包括 6 个主要类型:可商业开发项目(commercial projects)、潜在可商业开发项目(potentially commercial projects)、非商业开发项目(non-commercial projects)、与已知矿床有关的原地附加矿量、勘查项目,以及与潜在矿床有关的原地附加矿量。值得指出的是,在 UNFC-2009 分类框架中没有采用资源量和储量的术语,而是用可商业开发项目代替储量(可商业开发项目包括的范围较实际可采储量的范围更大),用潜在可商业开发项目和非商业开发项目代替资源量。

采用三个主要类别描述经济和商业可行性(E1、E2、E3);四个类别描述野外项目状态及其可行性(F1、F2、F3、F4);四个类别描述地质可靠程度(G1、G2、G3、G4)。

E1 表示生产和销售都已证实是经济可行的项目;E2 定义为在可预见的未来预期生产和销售在经济上是可行的项目;E3 为在可预见的未来预期生产和销售在经济上是不可行的或者尚处于初期勘查阶段还不能确定经济可行性的项目。F1 表 1:5 万示已证实可以开采的矿山基建项目;F2 代表采矿可行性还有待进一步评价的基建项目;F3 定义为由于缺少技术资料不能评价其采矿可行性的基建项目;F4 为基建和采矿可行性都还不能证实的项目。G1 表示与已知矿床有关的估值可信度高的矿量;G2 定义为与已知矿床有关的估值可信度中等的矿量;G3 表示与已知矿床有关的估值可信度低的矿量;G4 表示与潜在矿床有关、主要根据间接证据估计的矿量。

亚类别与其主类别资源储量之间采用"小数点"分开(如 E1.1),在类别代码中则采用"分号"区别(如 1.1;1;1 表示由 E1.1、F1、G1 定义的亚类别)。

注意在 UNFC-2009 分类的 E 和 F 类别中设置了最小标准。例如,潜在商业开发项目必须至少是 E2 和 F2,但也可以是 E1F2 或 E2F1。

与估值有关的不确定性或者采用信度水平降低的离散程度(高、中、低)进行描述,或者列举三个具体的结果(低估值、最好估值、高估值)进行说明。前者一般适用于固体矿产,后者常用于油气矿产。低估值应该有 90% 的概率小于其真值,并用 P_{90} 表示,低估值的情况直接等同于高信度估值(即 G1);最好估值应采用平均值、中位数或众数表示,最好估值的情况等同于高信度和中等信度估值的综合(G1+G2);高估值应该有 10% 的概率大于其真值,并用 P_{10} 表示,高估值的情况等同于高、中、低信度估值的综合(G1+G2+G3)。

UNFC-2009 以项目类型为核心,以商业开发为目的,包括了从矿产资源勘查到开发的各个阶段,有利于企业制订战略规划和组织生产,是一个普遍适用于能源和矿产资源储量的分类和评价方案,能够满足国家层面、行业层面以及国际交流的要求,能够与不同国家的资源储量分类系统进行比较。然而,由于新版(UNFC-2009)的分类思路具有突变性,在内容和形式上较先前的版本做出了大幅度变动;取消了资源量和储量的概念,转而采用可商业开发项目代替储量,潜在可商业开发项目代替资源量,非商业开发项目表示开发不确定或不能开发的资源量;并且取消了勘查阶段的概念。诸如此类的改变使得目前绝大多数国家的分类标准很难与之相适应,也难于在我国推广应用。

6.1.2　矿产储量国际报告标准委员会模板

为了对矿产储量国际报告标准委员会的模板有一个比较全面的了解,有必要对美国、加拿大以及澳大利亚的资源储量分类标准进行简要的介绍。

1. 美国的固体矿产资源量/储量分类系统

1976 年以前,几乎所有的勘查报告都把矿化称为"储量",由此产生了各种混乱和不明确的分级。1976 年,美国矿务局协同美国地质调查局在对 1944 年提出的矿产储量分类方案进行修订后,以《美国矿务局和地质调查局矿产资源分类系统的原则》为题在美国地质调查局第 1450—A 号局刊上刊发,该方案第一次明确地、系统地阐述了矿产资源量/储量分类及其术语的定义,并从两方面对资源量和储量进行分类:①地质特征,包括品位(质量)、吨位、厚度和埋藏深度等;②当前经济技术条件下开采和销售成本的营利性分析。1980 年在美国地质调查局第 183 期通信发表的《矿产资源分类的原则》一文中对 1976 年版的分类方案进行了进一步的修订,形成了当时在北美和南美广为流行、世界其他国家均以其为参照的"矿产资源和储量分类原则"。这个原则有两个坐标:横坐标代表地质工作的程度,随着地质工作程度由高至低,所取得的储量或资源量被冠以"探明的"(demonstrated)、"推测的"(inferred)、"假定的"(hypothetical)、"假想的"(speculative)等形容词;纵坐标代表储量或资源的经济可利用性,随着技术经济可行性的由高到低,所取得的储量或资源被冠以"经济的"(economic)、"边际经济的"(marginal economic)和"次经济的"(subeconomic)等形容词(图 6-3)。为了区别能从地下回收的矿产物质与地质圈定的矿物物质,美国这一分类方案又将查明的地下储量分为"储量"(reserve)和"储量基础"(reserve base)两个概念,前者是可以从地下真正采出的部分,后者是地质圈定的部分,它包含了可采出的储量和由于设计、开采、安全等原因不能采出的部分。按照这一分类体系,矿产资源量/储量被分为以下主要类型:已查明的资源量/储量,包括储量(探明的、经济的)、推测储量(推测的、经济的)、探明的边际储量(探明的、边际经济的)、推测边际储量(推测的、边际经济的);探明的次经济资源量、推测的次经济资源量、假定的资源量、假想的资源量。

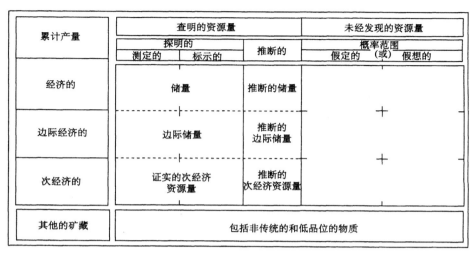

图 6-3　矿产资源分类的主要要素,不包括储量基础和推断的储量基础

（美国矿物局和美国地质调查局,1980）

　　1988 年,应美国采矿冶金勘查学会(SME)会员的请求,设立了一个名为"矿石储量定义"的第 79 工作组,其任务是制定勘查信息、资源和储量公开报告的指南。SME 于 1991 年首次颁发了《矿产资源/储量分类指南》,简称为 SME 指南,该指南在美国矿务局和美国地质调查局 1980 年矿产资源和储量分类原则所采用的术语和定义基础上进行了一定的修订。

　　1996 年,第 79 工作组更名为资源储量委员会,成为 SME 的一个常设委员会。1999 年按照 CRIRSCO 的要求对 SME 指南进行了修订。为了与美国证券交易委员会的管理条例对接,2007 年 SME 颁发了新版的 SME 指南。

　　美国地质调查局制定的资源量/储量分类系统更多的是从公益性地质的方面考虑,为矿产资源评价、为政府制定矿产勘查开发政策以及土地规划利用等服务的;SEM 制定的资源/储量分类指南是行业标准,主要是从商业性地质的角度进行设计,为勘查公司或矿业公司拓宽和建立有效的融资途径,旨在为股市投资者要求提供透明并且容易理解的信息提供依据。二者的主要差异在于美国地质调查局的分类系统中设立了"未查明资源量"和"储量基础"的类别。

　　2. 澳大利亚固体矿产资源量/储量分类系统

　　1971 年,由澳大利亚矿业委员会(MCA)和大洋洲矿冶学会(AusIMM)共同组建了大洋洲联合储量委员会(Australasian Joint Ore Reserves Committee,JORC)。JORC 是一个常设机构,澳大利亚证券交易所(ASX)和澳大利亚证券研究所(SIA)已派驻代表进入该组织。

　　1989 年 2 月,JORC 发布了第一个版本的 JORC 规范,JORC 的最为成功之处在于:①该规范直接被编入澳大利亚证券交易所和新西兰证券交易所的股票上市规则中,从而对在 ASX 的上市公司具有约束力;②该规范直接被 AusIMM 采纳作为学会规范,从而对学会会员具有约束力,1992 年澳大利亚地球科学家协会(AIG)加入了 JORC 后,该规范对 AIG 的会员也具有约束力。因而,它成为从业者必须遵守的强制性规范。1990 年发布了 JORC 规范指南,1992 年、1993 年、1996 年、1999 年以及 2004 年又先后多次对 JORC 规范及其指南进行了修订。2012 年发布了经过进一步修订的新版本。

由于 JORC 标准被澳大利亚和新西兰股市全盘采纳,近 20 年来,澳大利亚在建立和完善固体矿产资源储量划分标准方面处于国际引领地位,JORC 标准是矿业界与股票交易所密切合作的典范。

JORC 标准建立的资源储量分类系统中,将矿石吨位和品位的估值划分为资源量和储量两大类,每个大类又进一步划分为反映不同信度水平的亚类。尽管 JORC 规范进行过多次修订,但其资源储量分类的框架没有改变。

JORC 规范的结构比较自由,对于定义和操作方面的要求相对地规定得不细,而且在确保合格人员(competent person,CP)对其行为负责的同时,允许其在进行专业判断时,有相当的自由度。这种责任和承担责任的理念使得规范具有足够的灵活性,使其可以应用于各种各样的情形,而不至于使规范成为不合理的条文。例如,JORC 不规定采用什么方法进行资源储量估算,也没有明确要求每一资源储量类别需要采用多大的勘查工程间距控制,而是授权 CP 根据自己的专业学识和经验以及具体矿床地质特征来确定。显然,要想使这样的规范能够顺利地实施,就必须采取某种有效的机制来约束 CP 的行为。在澳大利亚,CP 必须是 AusIMM 或 AIG 的会员并且具有 5 年及以上相关矿床类型勘查的从业经验,这两个机构都是国家级的行业组织,都相应地制定了切实有效的、可操作性的、并且是强制性的道德规范。同时,澳大利亚证券交易所上市规则规定要求公开报告中必须列出 CP 的真名实姓,从而使 CP 接受行业、法规和同行的监督。

支配 JORC 标准运作的主要原则是透明性(transparency)、具体性(materiality)和权责性(competence)。"透明性"要求所披露的资源储量报告含有足够多的、简洁明了的信息,能够让公开报告的读者理解这些信息而不至于被误导,这一原则强调公开报告应无歧义和简洁;"具体性"要求所披露的资源储量报告含有全部相关数据,以便使投资者及其投资顾问能够对所报道资源储量的可靠性作出合理的判断,这一原则强调公开报告应重事实和证据;"权责性"要求所披露的资源储量报告是由具有相应资质并且受强制性职业道德规范约束的人员完成,这一原则强调公开报告应注重知识和判断。

JORC 规范的目的是制定大洋洲勘查结果、矿产资源和矿石储量报告的最低标准,以及确保关于这些类别的公开报告包括了投资者和顾问就所报告的结果和所进行的估算进行无偏判断所合理要求知道的所有信息。

3. 加拿大固体矿产资源量/储量分类系统

1997 年加拿大发生了震惊整个矿业界的 Bre-X 丑闻后(阳正熙,1998),CIM 储量定义标准委员会迅速着手制定更严格的矿产项目披露标准,该标准称为《CIM 矿产资源量/储量标准——定义和指南》。与此同时,安大略证券委员会(OSC)和多伦多证券交易所(TSX)联合成立了特别工作组,目的是制定对上市矿业公司提供给公众的矿产项目技术报告的可靠性进行更有效监管的措施。特别工作组于 1999 年提交了最终报告,报告中一个重要的建议是以国家法定文件(NI43—101)的形式采用 CIM 标准。2000 年 8 月,CIM 委员会批准了《CIM 矿产资源/储量标准——定义和指南》。

2001 年 1 月,加拿大证券管理局(CSA)正式批准《矿产项目披露标准》(NI43—101)及其与之配套的《标准指南》(43—101CP)和《技术报告表格》(43—101F1)文件,这些文件都是关于如何公开披露矿产项目信息的要求。CIM 标准构成了 NI43—101 文件第一部分的内容,从而使 CIM 标准的实施获得了法律保障。此外,CIM 委员会还发布了矿产勘查最佳操作规程指南(Exploration Best Practices Guidelines)、矿产资源储量估计最佳操作规程指南(草案)(Estimation of Mineral Resources and Mineral Reserves Best Practice Guidelines)。为了跟进 2005 年版的 NI43—101(适用于固体矿产)和 NI51—101(适用于石油和天然气),CIM 委员会于 2005 年发布了《CIM 矿产资源/储量标准——定义和指南》修订版。2011 年发布了经过进一步修订的 NI43—101 新版本。

4. 矿产储量国际报告标准委员会模板

1994 年,国际采矿冶金学会委员会(CMMI)设立了矿产资源量/储量国际报告标准委员会(CRIRSCO),其主要使命是仿照已有的澳大利亚矿产资源量和矿石储量报告规范,建立一套向公众报告勘查结果和资源量/储量的国际定义标准。1994 年在南非太阳城举行的第 15 届 CMMI 大会期间召开了 CRIRSCO 的第一次会议,1997 年在美国丹佛达成了矿产资源量和储量分类的临时性协议(称为丹佛协议)。

上述 UNECE 和 CMMI 下设的两个专家工作组组建后不久就认识到如果能够将二者的工作成果融合,他们所付出的努力就会更见成效。因此,这两个工作组于 1998 年和 1999 年在日内瓦召开第二次会议,最终 UNECE 专家组同意在其分类框架中采纳 CRIRSCO 的术语定义,从而使各自制定的标准能够互相吻合。

2002 年 CMMI 专家工作组更名为联合矿产储量国际报告标准委员会(Combined Mineral Reserves International Reporting Standards Committee,CRIRSCO),现称为矿产储量国际报告标准委员会(Committee for Mineral Reserves International Reporting Standards,CRIRSCO),智利和俄罗斯也分别于 2002 年和 2011 年加入该组织。该委员会的工作职能是协调成员国之间建立勘查成果和矿产资源储量定义和报告的国际标准的相关事宜。

　　CRIRSCO 成员国现在已经达成了如下共识:①确立合格人员的国际定义(在加拿大,合格人员采用 qualified person 的称谓,简称 QP);②为合格人员建立一套从业准则,这套准则也是为行业学会监管具有资质人员的提供的最低要求;③建立一套矿产资源量和储量国际报告标准和指南,称为 CRIRSCO 模板。2006 年 7 月首次颁布了《勘查结果、矿产资源量、矿石储量公开报告国际模板》,2012 年版 JORC 规范颁布后,CRIRSCO 随后于 2013 年颁布了新修订的《国际报告模板》。

　　CRIRSCO 的《勘查结果、矿产资源和矿石储量国际报告模板》对世界各国的勘查结果、矿产资源和矿石储量公开报告准则规定了最低标准,提出了建议和指南。该国际报告模板仅为建议性质,旨在协助尚未制定公开报告准则或准则业已过时的国家,制定一部符合本国最佳实践的新准则;若已制定了国家准则,则以各国准则为先。此外,该模板还将各国准则整合成在一起,体现了其中相容的国际部分,因而也可参照其他国际报告制度来一同使用。"模板"一词的斟酌使用意在表明,本文本仅用作规则制定的参考范文,本身不构成具有法律或其他监管效力的"准则"。

　　与 JORC 标准相同,支配 CRIRSCO 模板运作和应用的主要原则包括以下几个方面。

　　(1)透明性:要求为资源储量公开报告的读者提供足够多的信息,公开报告内容的表述应清晰并且无歧义,使读者容易理解这些信息而不至于被误导(所谓公开报告是指为告知投资者或潜在投资者以及他们的投资顾问而编写的有关勘查结果、矿产资源量或矿石储量的报告,包括年度报告、半年度报告和季度报告以及以公司网站刊登、媒体发布等形式公布的公司其他信息及股东、股票经纪人、投资分析师简报)。

　　(2)具体性:要求所披露的公开报告中含有投资者和专业顾问有理由要求并期望能够在公开报告中找到的全部相关信息,以便能够使投资者及其投资顾问能够对所报导资源储量的可靠性作出合理的比较和研判。

　　(3)权责性:要求所披露的资源储量公开报告是由具有相应资质、经验丰富并且受强制性职业道德规范约束的人员完成。

　　图 6-4 阐明了一个能够以不同地质置信度和技术经济评价置信度对品位和吨位估值进行分类的网络构架式的资源量/储量分类系统。图中的勘查结果(exploration results,在美国和加拿大的分类系统中称为勘查信息,explorationin for mation)包括勘查工作中产生的、可供投资者使用的但不作为矿产资源量或矿石储量正式报告部分的数据和信息。勘查初期阶段,所采集的样品数据数量(如利用轻型山地工程进行地表揭露的矿化结果、单钻孔见矿的结果,或地质填图和地球物理以及地球化学勘查的结果等)通常不足以对矿石吨位和品位做出合理估算,因而不能将勘查结果归入矿产资源量或矿石储量。如果上市公司报道的是勘查结果,那么不需

要披露吨位和品位的估值。正式公布的矿产资源量或矿石储量报告中可以包含也可以不含勘查结果,但不能利用矿产勘查结果的信息来得出吨位和品位的估算结果,而且在描述勘查 IE 区或勘查潜力时,应避免有可能被误认为是矿产资源量估算或矿石储量估算的表述。

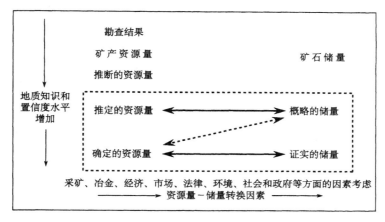

图 6-4　CRIRSCO 矿产资源储量分类模板

矿产资源量(mineral resources)是矿化体吨位和品位的原地估值,具有在一定经济技术条件下能够开采的"实际远景",换句话说,矿产资源量不是矿化的岩石,而是通过技术经济的初步分析表明有可能被开采、加工和销售。矿产资源量主要是由地质人员根据地质资料结合其他学科的知识进行估计获得的结果。按照地质信度增高的顺序将资源量分为三级:推断的、推定的以及确定的资源量。

矿石储量(ore reserves)是推定的资源量和确定的资源量的限制性子集(位于图 6-4 中的虚线框内),而且是通过了对图中所示的各种"资源-储量转换因素"的论证后获得的。如果某一方面或所有的限制性因素存在着一定程度的不确定性,那么。确定的矿产资源量可能转化为概略的矿石储量,图 6-4 中的虚线箭头标示了这种关系;虽然虚线箭头的趋势包含了一个垂直坐标分量,但并不意味着地质置信度的降低,这种情况下应当在勘查报告中对限制性因素进行全面的解释。

本质上讲,这意味着资源量的地质估计通过经济技术分析(预可行性和可行性研究)转化为储量,由此可见,为了证实在当前技术经济条件下开采是合理的,在可行性研究中必须对所有的资源量-储量转换因素都进行充分论证。

资源量-储量转换因素(modifying factors)定义为包括采矿、冶金、经济、市场、法律、环境、社会以及行政管理方面的条件。

经过论证后,确定资源量可相应地转化为证实储量、推定资源量转化为概略储量。在资源量-储量转换因素具有较低可信度的情况下,根据具有资质地质人员的判断,确定资源量可转化为概略储量。

CRIRSCO 成员国现行的资源量/储量分类规范都是参照 CRIRSCO 矿产资源量/储量分类模板修(制)订的。

6.1.3 俄罗斯固体矿产资源量/储量分类系统

1960 年制定的苏联矿产储量分类规范,经过多次修订后,至今俄罗斯和其他独联体国家仍沿袭苏联有关"以国家原材料基础作为所有矿产储量平衡"的重要概念,为了维持这种平衡,任何采矿企业都有责任发现新的矿产储量。俄罗斯现行方案除从经济的角度,将矿产储量分为平衡表内与平衡表外两类外,根据勘探和研究的程度将矿产储量分为详细探明和详细研究(A、B、C_1)的储量、初步评价的储量(C_2)和预测储量(P_1、P_2、P_3)3 大类 7 个级别(图 6-5)。

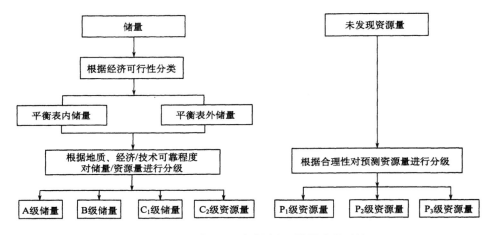

图 6-5 俄罗斯 2006 年版资源/储量分类系统

俄罗斯国家储量委员会是俄罗斯矿产资源储量管理的立法机构,下设地方矿产储量委员会。地方性储量委员会一般由 7~11 名首席专家和 5~7 名独立专家组成,首席专家由国家储量委员会任命,独立专家由研究院或当地其他组织选派。批准资源储量估计的决定由地方储量委员会作出,但大型矿床需报国家储量委员会批准。

前已述及,西方主要矿业国家的资源储量标准是建立在对各类矿床、现有数据类型以及所使用的经济因素认可的基础上,报告的责任追究落实在合格人员头上。资源储量分类规范本身只不过是提供编写资源储量报告的一个统一框架,而具有合格人员在应用资源储量标准方面的职业判断才是所提交的资源储量数据的决定因素。比较起来,俄罗斯资源/储量分类系统通过对勘查阶段、资源储量估算以及编写报告的规范达到勘查的客观性,该系统几乎没有留出发挥职业判断的余地,规定的计算方法很简单。

2011 年俄罗斯加入 CRIRSCO 组织后,由俄罗斯全国地下调查协会(National Association for Subsoil Examination,NAEN)发布了《俄罗斯公开报告勘查结果、矿产资源和矿石储量的规范》,又称为 NAEN 规范(NAE Ncode),该规范的内容与 CRIRSCO 模板基本相同。

6.2　我国矿产资源储量分类系统

6.2.1　我国资源储量分类的历史沿革

新中国成立初期,我国暂时采用了苏联 1953 年制定的储量分级方案,即划分为 A_2、B、C_1、C_2 级储量。1959 年,原地质部全国储量委员会制定了我国第一个矿产储量分类暂行规范(准则),该规范将矿产储量分为四类(即开采储量、设计储量、远景储量、地质储量)五级(即 A_1、A_2、B、C_1、C_2),其中开采储量一般为 A_1 级,A_2、B、C_1 级为设计储量,C_2 级为远景储量。在一段时期内,这一储量分级对我国地质工作的开展起了一定的积极作用,但也存在一些问题,已不能适应我国地质勘探和矿山生产建设的实际需要。1964 年后,有关部门曾对上述储量分级进行了多次修订。例如,冶金部在 1965 年颁发和实行了工业储量和远景储量的两级储量划分办法;煤炭部将煤矿储量分为普查、详查、精查三级;在 1968 年以后的全国矿产储量表中,统一按工业储量和远景储量两级划分方案进行储量统计等。

1977 年,原国家地质总局和原冶金部共同制定了《金属矿床地质勘探规范准则(试行)》,以及由原国家地质总局、原建材总局和原石油化工部共同制定了《非金属矿床地质勘探规范准则》(试行)。在这两个规范中,根据对矿体不同部位的研究或控制程度及相应的工业用途,将固体金属及非金属矿产储量划分为 A、B、C、D 四级,并对各级储量的条件提出了相应的要求。

原地质矿产部 1990 年颁发的《固体矿产成矿预测基本要求》(试行)中,预测储量划分为 E、F、G 三级,并对各级预测储量的要求进行了具体的定义。1992 年,国家技术监督局颁发了我国第一部涵盖整个固体矿产的勘查规范《固体矿产地质勘探规范总则》(GB13908-92)国家标准,在该标准中,根据工业指标(最低工业品位和最小可采厚度)将矿产分为能利用储量和暂不能利用储量两类,其中能利用储量又依据地质可靠程度进一步划分为 A、B、C、D 四级。

原有分类系统受计划经济体制的束缚,难免会存在经济观念淡薄,不重视可行性研究,不区分资源量和储量,在执行勘查项目中过程中强调储量比例、注重工程间距,忽视矿体连续性,从而导致一些勘查项目失误。

为了适应市场经济的需要,更好地与国际接轨,在综合考虑经济、可行性,以及地质可靠程度的基础上,采用符合国际惯例的分类原则,国家技术监督局于 1999 年颁布了《固体矿产资源量/储量分类》(GB/T17766—1999)国家标准。在该标准中,经过矿产勘查所获得的不同地质可靠程度和经相应的可行性评价所获得的不同经济意义作为固体矿产资源/储量分类的主要依据,据此分为资源量、基础储量、储量三大类十六种类型,分别用三维形式和矩阵形式表示。该标准初步做到了可同相关的国际标准对比,开始实现由计划经济条件下的矿产储量分类标准向市场经济条件下的矿产资源储量分类标准转变,在我国矿产资源储量分类历史上具有重要的意义。

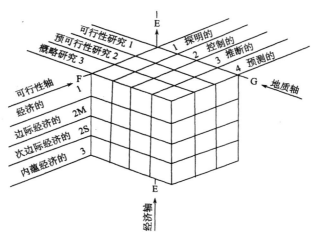

图 6-6　《固体矿产资源量/储量分类》(GB/T17766—1999)中的三维分类框架图

随着我国社会主义市场体系的深入发展和矿业全球化的推进,为了进一步适应我国政府和市场对相关标准提出的新需求,国土资源部于 2007 年开始组织专家对现行矿产资源量/储量分类标准进行了新一轮的修订,2009 年,国土资源部下发了关于征求《固体矿产资源量/储量分类》(征求意见稿)意见的函(国土资厅函 [2009]666 号)。此次修订充分研究了我国近 10 年矿产勘查开发中的经验和问题,考虑了同几个主要国际标准的衔接,在结构上更简单明晰,在定义上更科学合理,更具有与国际标准的互融互通性。

需要说明的是,本节内容主要参考了国土资源部 2009 年下发的《固体矿产资源量/储量分类》(征求意见稿)。在该新修订方案未正式颁发之前,仍然执行《固体矿产资源量/储量分类》(GB/T17766—1999)国家标准。

6.2.2　固体矿产资源量/储量的概念

1. 固体矿产资源

固体矿产资源(hard rock mineral resources):在地壳内或地表由地质作用形成的具有经济意义的固体自然富集物,根据产出形式、数量和质量可以预期最终开采技术上可行、经济上合理的。其位置、数量、品位/质量、地质特征是根据特定的地质依据和地质知识计算和估算的。按照地质可靠程度,可分为已发现矿产资源和未发现矿产资源。

未发现矿产资源(undiscovered mineral resources):是指根据地质依据和物化探异常预测的,未经查证的那部分固体矿产资源。

已发现矿产资源(discovered mineral resources):已发现矿产资源是经勘查工作已发现的固体矿产资源量的总和;定义为在地壳中或地壳上富集或产出的、具有内蕴经济意义的物质,其质量和数量具有最终经济提取的合理前景,包括原地的矿化物质、采出的矿堆物质和尾矿物质。它们可以通过勘查和取样来圈定并估算资源量,通过可行性研究或预可行性研究将其转换为储量。凡不具有最终经济提取合理前景的物质,不在已发现矿产资源之列。

依据地质可靠程度和可行性评价所获得的不同结果,可分为储量、基础储量和资源量三类。

资源量(resource):是指已发现矿产资源中,除基础储量以外的其余部分,包括经可行性研究或预可行性研究认定为不经济的部分和未经可行性研究或预可行性研究的内蕴经济的资源量,以及预测的资源量。

2. 储量

储量(reserve):是指基础储量的一部分。地质可靠程度为探明的和控制的,在预可行性研究、可行性研究或编制年度采掘计划当时,经过了对采矿、冶金、经济、市场、法律、环境、社会和政府等诸因素的研究及论证,结果表明在当时是经济可采或已经开采的部分。储量不包含采矿过程中的损失和混入的贫化物质。依据地质可靠程度和可行性评价阶段不同,又可分为证实储量(111)和可信储量(121、122)。

报告储量时,有关选矿和加工回收率的因素是非常重要的。在市场条件变化的情况下,储量的数字可能会随着发生相应的变化。

过去我国固体矿产地质勘查中,"储量"一词的含义是指原地储藏量,而且在勘查各阶段、各种地质可靠程度(甚至预测资源),均只使用一个名词,这与国际上市场经济矿业大国使用的储量的含义相去甚远。现在的分类抛弃了原储量分类的储量的含义,"储量"一词严格地只用于经济可采部分,与国际通用的储量概念接轨。

基础储量(basic reserve):是发现矿产资源的一部分,它能满足现行采矿和生产所需的指标要求(包括品位、质量、厚度、开采技术条件及其他限制开采的因素等)。经过详查、勘探所获控制的、探明的资源量,通过可行性研究或预可行性研究,圈出包含证实储量和可信储量的全部原地资源量,以及经过可行性或预可行性研究论证,经济评价指标具有边际经济意义(如内部收益率大于0)的资源量,均划入经济的基础储量范畴。在市场条件变化的情况下,储量数字可能随价格波动,而基础储量的数字相对保持稳定。

　　基础储量主要用于国家的矿产开发监管、矿产资源统计、规划和政策研究。

6.2.3　地质可靠程度

　　地质可靠程度反映了矿产资源量的精度,与工程控制程度及矿体的复杂程度有关,在分类框架中用 G 轴表示(图 6-7)。对矿体连续性的控制程度要求是衡量地质可靠程度的重要标准,根据地质可靠程度分为预测的、推断的、控制的和探明的四个级别的资源量。

　　预测的(predicted):是指对具有矿化潜力的地区,经过预查获得的资源量。即充分收集区内地质、物探、化探、遥感等各种信息,经分析、类比,预测为由矿化引起的异常,或由矿化蚀变带、矿点露头、极少量工程见矿等显示有矿化的地段。只有在有足够的数据并能与地质特征相似的已知矿床类比时,才能估计预测的资源量。根据定义,预测的资源量相当于 JORC 或 CRIRSCO 分类中的勘查结果(见 6.1.2 节)。

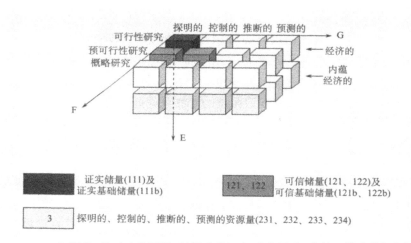

图 6-7　2009 年版《固体矿产资源量/储量分类》(征求意见稿)中的三维分类框架图

　　推断的(inferred):是指对普查区按照普查的要求,在大致查明矿产的地质特征,大致控制了矿体(矿点)的展布特征、质量(品位)的基础上探获的资源量;也可以是据更高一级资源量合理外推的资源量。由于信息量有限,不确定因素多,矿体的连续性是推断的,矿产资源数量的估计所依据的数据有限,可信度低。

　　由于推断的资源量的地质可靠程度低,不能保证在继续勘查后,其全部或任何一部分能被提升为控制的资源量。因此,推断的资源量同任何矿石储量类型均无直接联系,不能作为可行性研究或预可行性研究中确定矿山生产能力和服务年限的依据,只可用于矿山远景规划。

控制的(indicated):是指对矿区的一定范围依照详查的要求,基本查明了矿床的主要地质特征,基本控制了主要矿体的形态、产状、规模、矿石质量、品位,矿体的连续性是基本确定的(具有一定的多解性),矿产资源数量估计所依据的数据较系统,可信度较高。控制的资源量的地质可靠程度较高,由于采用系统工程控制,矿床中矿体的空间分布范围及主矿体的规模、形态产状、矿石特征已基本控制,资源量估计的可靠程度足以满足开展项目的预可行性研究,可作为开发决策的基础。

对于确定勘查类型所依据的主要地质因素都简单的矿床,或经济价值不高的矿产,或者矿体形态特征很复杂只能边探边采的矿床,也可利用控制的资源量,开展概略研究或预可行性研究,可作为矿山建设的依据。

探明的资源量(measured resource):是指对矿区的勘探范围依照勘探的要求,详细查明了矿床的地质特征,详细控制了主要矿体的形态、产状、规模、矿石质量、品位,矿体的连续性已经确定,矿产资源数量估计所依据的数据详细,可信度高。

由于探明的资源量的地质可靠程度高,矿体连续性是确定的,矿石的质量和数量误差被限定在很小的范围内,其变化不会对投资估计的精确度产生显著的影响,可作为可行性研究和矿山建设依据。

6.2.4　可行性研究

可行性研究分为概略研究、预可行性研究、可行性研究 3 个阶段,在分类框架中采用 F 轴表示。

概略研究(preliminary study):是指对矿产资源开发项目的投资机会研究,是对矿产开发经济意义的概略评价。主要依据普查所获矿产资源信息与同类型已知矿床(山)从矿体规模、矿石物质组成及质量、生产技术条件等方面进行类比,客观评述普查区内矿产资源的优劣及未来开发的可行性;结合普查区自然经济条件、建设条件、环境保护等因素,以我国类似矿山企业或授权机构发布的技术经济指标为参数,作出概略的技术经济评价,鉴别有无投资机会。所采用的矿石品位、矿体厚度、埋藏深度等指标,通常是我国矿山几十年来的经验数据,采矿成本是根据同类矿山生产估计的。由于概略研究一般缺乏准确参数和评价所必需的详细资料,所估计的资源量只具内蕴经济意义。

预可行性研究(prefeasibility study):是指对矿产开发项目可行性的初步评价。受工作阶段的限制,通常可依据有关宏观信息和在可能条件下所搜集到的资料开展工作,目的是从总体上、宏观上对项目建设的必要性、建设条件的可行性以及经济效益的合理性进行初步研究和论证。其结果可以为该矿床是否进行勘探或可行性研究提供决策依据。进行这类研究,通常应经过详查或勘探采用参考工业指标估计获得的矿产资源量数据,实验室规模的加工选冶技术试验资料,以及通过价目表或类似矿山开采对比所获数据估计的成本。预可行性研究内容与可行性研究相同,但详细程度次之,其误差应控制在±25%。当投资者为选择拟建项目而进行预可行性研究时,应选择适合当时市场价格的指标及各项参数,且论证项目应尽可能齐全。

预可行性研究需要评价各种备选方案并进行排序,从中选择最佳的方案,同时,还需评价个别参数的变化可能对项目的敏感性。预可行性研究包括了取样和技术试验,经过预可行性研究后,控制的和探明的资源量可以相应地转化为储量。同时,采矿方法和生产率也已经选定,半工业性试验结果可能论证了产品的提取过程是可行的;矿山建设、劳动力的需求以及矿山开采对周围环境的影响也都进行了评价;基本建设投资和生产成本进行了详细的预算,如采矿和选矿方法的变更、各种生产率水平的效应等方面的敏感性分析也已经完成。在决策过程中,社会和环境方面的综合考虑是最重要的因素,根据社会和环境底线的研究结果预测和评价可能的影响。经过综合评估后,选择具有风险最低、价值最高的方案作为可行的方案。

可行性研究(feasibility study):是对矿产开发项目可行性的详细评价,对投资项目的技术、工程、经济进行深入、全面分析和多方案比较,进一步确认预可行性阶段优选出的技术和生产经营方案并使其价值达到最大化,从而对投资项目作出论证和评价。其结果可以详细评价投资项目的技术经济可靠性和科学性,所提出投资估计的精确度,要控制在与初步设计概算的出入不得大于10%。可行性研究所采用的成本数据精确度高,通常依据勘探所获的储量数据及相应的加工选冶技术性能试验结果,其成本和设备报价所需各项参数是当时的市场价格,并充分考虑了采矿、冶金、经济、市场、法律、环境、社会和政府的相关政策等各种因素的影响,具有很强的时效性。

可行性研究是矿山投资决策的重要环节,研究结果可作为投资决策的依据。将可行性评价作为分类的重要条件,强化了资源储量的经济意义。

6.2.5　资源量/储量经济意义的划分

对地质可靠程度不同的查明矿产资源,经过不同阶段的可行性研究,按照评价当时经济上的合理性,其经济意义可以划分为经济的和内蕴经济的两类,在分类框架中采用 E 轴表示。

经济的(economic):其数量和质量是依据符合市场价格确定的生产指标估算的。在可行性研究或预可行性研究当时的市场经济条件下开采,技术上可行,经济上合理,环境等其他条件允许,即每年矿产品的平均价值能满足投资回报的要求,或在政府补贴和(或)其他扶持措施条件下,开发是可能的。其经济意义不受短期逆市条件的影响。凡经可行性研究或预可行性研究论证,经济评价指标具有边际经济意义(如内部收益率大于0)的资源量,均划入经济的基础储量范畴。

内蕴经济的(intrinsic economic):仅通过概略研究做了相应的投资机会评价。在可预见的将来开发具有经济和销售的合理前景,由于不确定因素多,无法区分其中哪些是经济的,哪些是不经济的。

凡经预可行性研究或可行性研究,确定为次边际经济的,均归入内蕴经济的范围。

经济意义未定的(economic-viability undefined):仅指通过预查获得的预测的资源量,属于未发现矿产资源,无法估计其经济意义。

资源量-储量转换因素(modifying factors):包括采矿、冶金、经济、市场、法律、环境、社会和政府等因子,是可行性研究或预可行性研究论证矿山项目可行性的主要因素。通过基于这些因素的项目可行性研究或预可行性研究,将资源量转换为储量。

6.2.6　称职和责任

技术责任:矿产资源量和储量估计的真实性涉及国家和广大公众利益,也是影响矿业和矿产勘查市场公平和稳定的重要因素,矿产勘查和矿产资源量、储量估计必须实行技术责任制。

单位责任:承担矿产勘查、矿产资源量和矿石储量估计以及报告编写的单位对报告的真实性和质量承担单位责任。

合格人员责任:承担矿产勘查、矿产资源量和矿石储量估计以及报告编写的个人责任。矿产资源量、矿石储量报告,必须由一个或多个合格人员署名,其中一位对报告负技术全责,其余对报告的有关环节承担技术责任。合格人员的资质另行规定。

6.2.7　资源量/储量的类别及编码

1. 分类依据

矿产资源经过矿产勘查所获得的不同地质可靠程度和经相应的可行性评价所求不同的经济意义,是固体矿产资源/储量分类的主要依据。据此,固体矿产资源/储量可分为储量、基础储量、资源量两大类 7 种类型(储量包容在基础储量中)。

2. 资源量、储量类别编码

资源量/储量分类采用(EFG)三维编码系统,E、F、G 分别代表经济轴、可行性轴,以及地质轴(图6-7)。编码的第 1 位数表示经济意义:1 代表经济的,2 代表内蕴经济的;第 2 位数表示可行性评价阶段:1 代表可行性研究,2 代表预可行性研究,3 代表概略研究;第 3 位数表示地质可靠程度:1 代表探明的,2 代表控制的,3 代表推断的,4 代表预测的。经预可行性研究或可行性研究从中转换为证实储量和可信储量的基础储量,在其编码后加英文字母"b"。

3. 储量分类

在三维分类系统中将资源/储量分为基础储量(储量)和资源量两个大类 7 种

类型，即 111b、121b、122b、231、232、233 和 234（证实储量 111、可信储量 121 和 122 分别包容在各自的基础储量中）。基础储量主要用于政府的管理，证实储量和可信储量主要用于矿山企业的规划、设计、和生产管理。

（1）证实储量（111）：证实基础储量中的可采部分。是在探明资源量的基础上，通过基于采矿、冶金、经济、市场、法律、环境、社会和政府等因素的可行性研究，所获得的经济可采储量，表明在论证期间开采是经济的。证实储量的地质可靠性及可行性研究结论的可信度高。

（2）证实基础储量（111b）：与证实储量的区别在于它是包含证实储量在内的全部原地资源量，还包括了因技术原因不可回收部分和具有边际经济意义的部分。

（3）可信储量（121）：可信基础储量中的可采部分。是在探明的资源量的基础上，通过基于采矿、冶金、经济、市场、法律、环境、社会和政府等因素的预可行性研究，所获得的经济可采储量，表明在论证期间开采是经济的。可信储量的地质可靠性及预可行性研究结论的可信度较高。

（4）可信基础储量（121b）：与可信储量（121）的区别在于它是包含可信储量在内的全部原地资源量，还包括了因技术原因不可回收部分和具有边际经济意义的部分。

（5）可信储量（122）：可信基础储量中的可采部分。是在控制的资源量的基础上，通过基于采矿、冶金、经济、市场、法律、环境、社会和政府等因素的预可行性研究，所获得的经济可采矿量，表明在论证期间开采是经济的。可信储量的地质可靠性及预可行性研究结论的可信度较高。

（6）可信基础储量（122b）：与可信储量（121）的区别在于它是包含可信储量在内的全部原地资源量，还包括了因技术原因不可回收部分和具有边际经济意义的部分。

4. 资源量分类

（1）探明的资源量（231）：是指在已达到勘探阶段要求的地段，所探获的资源量具有内蕴经济意义。在可预见的将来有可能证明其开采具有经济意义，但须通过进一步的可行性研究确定。在三维空间上，是在系统控制基础上的加密工程，详细控制了矿体的形态、产状、规空间分布以及矿石特征并圈定了矿体，矿体连续性是确定的。本类型还包括探明的资源量经可行性研究或预可行性研究后，确定为当前开采尚不经济的那部分资源量。探明资源量的地质可靠性高，矿床开发利用评价达到据勘探资料进行的概略研究程度。探明的资源量可与 CRIRSCO 模板中确定的资源量进行类比。

（2）控制的资源量（232）：是指在已达到详查阶段要求的地段，所探获的资源量具有内蕴经济意义，在可预见的将来可能具有进一步的勘探和开发意义，但需通过进一步的预可行性研究确定。在三维空间上用系统工程基本控制了矿体的形态、产状、规模、空间分布以及矿石特征并圈了矿体，矿体连续性是基本确定的。本类型还包括控制的资源量经预可行性研究后,确定为当前开采尚不经济的那部分资源量。控制资源量的地质可靠性较高,可行性评价达到据详查资料进行的概略研究程度。控制的资源量可类比 CRIRSCO 模板中推定的资源量。

(3)推断的资源量(233):是指在达到普查阶段要求的地段,所探获的资源量,经过概略研究,具有内蕴经济意义,并可确定是否开展进一步的详查工作。矿体连续性是推断的,资源量是根据有限采样工程的数据估计的,其可靠性低,可行性评价达到据普查资料进行的概略研究程度。推断的资源量可类比 CRIRSCO 模板中推断的资源量。

推断的资源量通过野外观察、地质研究、物化探数据分析和有限的采样来推断矿体的大致分布和矿石的数量、质量特征。可采用地表有稀疏工程控制、深部有工程证实的勘查部署,不要求系统工程控制。

(4)预测的资源量(234):依据对地质、地球物理、地球化学和遥感信息分析的基础上,通过异常查证和找矿标志研究,有时采用极少量工程资料,确定具有矿化潜力的地区,并和已知矿床类比而估计的资源量。预测资源量属于未发现的矿产资源量,一般不做概略研究,有无经济意义尚不确定。预测的资源量相当于 CRIRSCO 模板中的勘查结果。

上述分类系统提供了三方面的信息:①矿产勘查阶段;②可行性评价阶段;③经济可靠程度。新分类包括:与设计和生产相衔接的可采储量、在勘查阶段形成的资源储量、矿产资源预测中使用的预测资源量(国土资源部矿产资源储量司,2003)。在该分类系统之外,不属于储量/资源量部分的即成为矿点。

6.3　矿体空间连续性

6.3.1　连续性的重要性及其定义

矿体的空间连续性是矿体地质研究的主要内容(侯德义,1984;赵鹏大等,1988,2006)。在 JORC 和其他资源储量分类规范中连续性都是极为关注的主题,新修订的《固体矿产资源/储量分类》(征求意见稿)中也对矿体连续性进行了定义。矿产资源储量估值的质量在很大程度上与地质和品位连续性和确定性有关,它们确定了岩性和矿化单元之间的边界类型、并提供了对地质域内不同品位分布的理解。连续性解释了长程和短程变化性,提供了产生空间异向性变化的原因,并且是理解矿体内品位行为的基础。从资源储量的估值方面,连续性一般可分为两种类型。

(1)地质连续性:赋存矿化的地质构造或岩相带的几何连续性(如矿体厚度沿走向及其沿倾斜方向的连续性)的控制程度。地质的连续性取决于对含矿层位、相带、构造、矿化方向的控制程度、研究和判断。

（2）品位（或其他质量特征）连续性：存在于某个特殊地质带内的品位（或其他质量特征）连续性的控制程度。品位的连续性需要在研究品位空间变化的基础上，通过适当工程间距的采样测试，确定其连续性。

地质和品位连续性的评价是资源量建模的综合部分，地质连续性对于矿石吨位的估计有重要的意义，尤其重要的是要记住地质连续性是一个三维的特征，某个矿体在垂向和水平方向上可能有很好的整体连续性，然而，如果其厚度在局部范围内是极不稳定的，那么，当钻孔密度不足以控制这样的变化时，吨位估值的可靠性就会显著降低。至于品位连续性对于品位估计的影响来说是显而易见的。通常可利用勘查线剖面图、水平断面图和纵投影图对矿体连续性程度作出判断；品位连续性还可以利用变差函数进行定量描述，变差函数不仅定义了品位总体的变化性（基台值），而且给出了指定方向上数据的影响范围（变程）和块金效应。

6.3.2　矿体空间连续性的描述

对矿体空间连续性的控制，通常是根据影响矿体的主要地质因素所划分的勘查类型确定矿体的复杂程度，并通过不同的勘查方法和手段，选择合理的工程间距来实现。最直接的手段是在槽、井、坑、钻等工程中，通过采样测试，依据圈矿指标确认工程中矿体（层）的位置，再按地质规律分析对比，将属于同一个矿体的各工程中的见矿位置连在一起，反映出单个矿体的空间范围和形态。对矿体的控制程度，不是单靠工程间距，也不是工程越密越好，更重要的是研究程度，即是否揭示了矿体赋存的内在规律。

随着研究程度的提高和工程间距的加密，连续性将变得越来越可靠。因此，不同勘查阶段对矿体连续性的控制程度要求不同，可分为确定的连续性、基本确定的连续性、推断的连续性三个级别。

（1）确定的连续性：是指对主矿体部署的工程，充分考虑了主要地质因素对矿体的影响，符合地质规律，其分布范围、形态、品位的空间变化已经详细控制。总体上不存在多解性。地质连续性和品位连续性已经确定的资源量归属于探明的资源量。

（2）基本确定的连续性：是指对研究区内矿体的总体分布范围已经基本查明，对主矿体部署的工程，较充分的考虑了主要地质因素对矿体的影响，空间分布范围、形态、品位的空间变化已经采用了系统工程控制。主矿体的连接基本确定，但部分品位、厚度、形态、产状变化较大地段，尚存在一定的多解性，需要通过加密工程来解决。地质连续性和品位连续性基本确定的资源量归属于控制的资源量。

（3）推断的连续性：是指由于投入的工程有限，地表只是稀疏工程控制，深部有工程证实，矿体的连接是推断的，未经证实，带有相当大的假设成分。地质连续性和品位连续性为推断的资源量归属于推断的资源量。

第 7 章　矿产勘查工作的总体部署

7.1　矿床勘查类型

矿床的地质特点(如矿体形态、产状、规模大小、有用组分的分布和变化等)和复杂程度不同,勘查工作的任务要求和勘查手段等也不同。在研究和总结大量已开采矿床的资料及已勘查矿床经验的基础上,根据影响矿床勘查难易程度的主要地质特征的复杂程度,将相似特点的矿床加以归并而划分的类型,称矿床勘查类型。

划分勘查类型是为了正确选择勘查方法和手段、合理确定勘查工程间距,以及对矿体进行有效的控制和圈定。

7.1.1　划分矿床勘查类型的依据

勘查类型的确定,主要针对主矿体(一个矿床中占探获资源储量数量70%以上的一个或多个矿体称作主矿体)。影响矿床勘查类型划分的因素很多,涉及地质、勘查、水文地质条件等多方面,但最主要的是综合矿体规模、矿体形态复杂程度、内部结构复杂程度、矿石有用组分分布的均匀程度、构造复杂程度5个主要地质因素的复杂程度,确定勘查类型,因此,划分矿床勘查类型的主要依据包括以下方面。

1. 矿体规模

矿体规模大小是影响矿床勘查类型最主要的因素。一般情况下,矿体规模越大,形态越简单,越容易进行勘查;反之勘查难度越大。规模大、形态简单的矿体(如层状矿体)采用较稀的勘查工程即可控制;而规模小、形态复杂的矿体需要采用较密的勘查工程才能控制。

应当注意"矿床规模"和"矿体规模"的区别和联系。矿床规模是指矿床中有用组分的资源量(包括储量)的大小,主要侧重经济方面的意义,一个矿床可由一个或多个矿体组成。矿体规模是指矿体的空间大小,侧重于几何意义。矿体规模没有明确的划分标准,不同矿种有所不同。一般而言,延长及延深超过1000m、厚度大于10m的矿体可称为大矿体,而延长及延深小于150m、厚度为1~2m的矿体称为小矿体。

2. 矿体中有用组分分布的均匀程度

有用组分分布的均匀程度也即矿石品位的变化程度,常用品位变化系数(Vc)表示,根据品位变化系数可将有用组分分布的均匀程度分为四类:

（1）均匀分布　　　　　　$Vc < 40\%$

（2）较不均匀分布　　　　$Vc = 40\% \sim 100\%$

（3）不均匀分布　　　　　$Vc = 100\% \sim 150\%$

（4）很不均匀分布　　　　$Vc > 150\%$

3. 矿化连续程度

矿化连续程度是指有用组分分布的连续程度。一般情况下,矿化连续性好的矿体比连续性差的矿体更容易勘查。矿化连续程度可用含矿率(Kp)来度量:

$$Kp = \iota/L \text{ 或 } Kp = s/S \text{ 或 } Kp = \nu/V \tag{7.1}$$

式中,t、s、v 分别为矿体可采部分的长度、面积、体积;L、S、V 分别为矿体的总长度、总面积、总体积。根据矿化系数可将矿化连续性分为以下几种:

（1）连续矿化　　　　　　$Kp = 1$

（2）微间断矿化　　　　　$Kp = 1 \sim 0.7$

（3）间断矿化　　　　　　$Kp = 0.7 \sim 0.4$

（4）不连续矿化　　　　　$Kp < 0.4$

4. 矿体形态、产状及地质构造复杂程度

形态简单、产状变化小的矿体比较容易勘查,形态复杂、产状变化大的矿体勘查难度较大。此外,矿体的产状还影响勘查方法以及勘查工程间距的确定。

矿区地质构造影响矿体的形状和产状,特别是成矿后的地质构造对矿床勘查有很大影响。例如,成矿后断层往往会破坏矿体的连续性,增大矿床勘查难度。

7.1.2　矿床勘查类型的划分

根据上述矿床勘查类型的划分依据,结合矿床勘查的实践经验,原地质矿产部已颁布铜、铅锌、铁、钨、金等部分矿床勘查类型。

划分和确定铅锌矿床勘查类型的主要地质因素,其变化等级和特征如下。

1. 矿体规模

特大:走向长度大于1200m,延展面积大于0.8km²。

大:走向长度800~1200m,延展面积0.4~0.8km²。

中:走向长度150~800m,延展面积0.02~0.4km²。

小:走向长度小于150m,延展面积小于0.02km²。

2. 矿体形态复杂程度

规则:一般为层状,产状变化小,没有或稍有分枝复合现象;一般无构造破坏;厚度变化中小,厚度变化系数小于50%。

较规则:一般为似层状、脉状,个别为层状,产状变化小,矿体分枝复合以简单者居多;一般无构造破坏;厚度变化幅度小至中等,厚度变化系数50%~80%。

不规则:一般为脉状、透镜状,少数为似层状,产状变化多属小至中等;矿体分枝复合以中等为主;断层破坏程度中等;厚度变化幅度中至大,厚度变化系数80%~100%。

极不规则:一般为筒状及囊状,也有羽毛状、透镜状等不规则状;产状变化大;矿体分枝复合复杂或呈零星小矿体;有时有断层破坏;厚度变化大,厚度变化系数大于100%。

3. 有用组分分布均匀性

均匀:矿化一般连续,矿石类型较简单,有用组分在矿体中分布较均匀,品位变化不大,变化系数一般小于80%。

较均匀:矿化一般连续至较连续,或矿化虽连续但夹石较多;有用组分在矿体中分布较均匀,品位变化不大,变化系数一般为80%~100%。

不均匀:矿化一般不连续,个别较连续,有用组分在矿体中分布不均匀,品位变化大,变化系数一般为100%~180%。

极不均匀:矿化极不连续,有用组分在矿体中分布极不均匀,变化系数一般为150%~200%。

7.1.3　划分勘查类型时需要注意的几个问题

矿床勘查类型是前人对矿床勘查工作的总结,只能为类似矿床勘查提供参考和借鉴。对于新区而言,属于哪一种勘查类型,需要根据现有资料采用类比方法加以确定。在类比确定勘查类型时应注意以下四方面的问题:

(1)勘查类型的确定是一个研究过程,由矿产勘查项目的技术责任人员自行研究论证确定。论证资料应在设计和(或)报告中反映。

(2)同一勘查区中的不同矿体或不同矿段,其地质特征和矿体复杂程度往往不同,应分别确定不同的勘查类型,采用不同的勘查间距。

(3)矿体规模、形态、构造复杂程度、矿化的连续性,以及有用组分的变化性等因素是确定勘查类型的主要依据,但在多数情况下,一个矿床往往是一项、两项因素起主导作用。因而在分析确定勘查类型时,应抓住主要矛盾,才能得出正确结论。

(4)确定勘查类型,应以地质研究为基础。确定勘查类型的过程也是我们对所要勘查的矿床认识逐渐深化的过程,在勘查过程中应加强对所勘查矿床自身特征的研究,掌握矿化特征总的变化规律,采用数学地质方法和稀空法或加密法进行对比验证,检查所确定的勘查类型是否合适,避免勘查类型确定的失误。

(5)由于成矿条件的复杂性、多变性,以及对矿体地质特征由浅入深的认识过程,勘查类型的确定不是一成不变的,应根据勘查成果及时调整。普查时因收集的资料有限,难以正确确定勘查类型,可依据已知地表矿化范围、地质特征、物化探异常特征,部署工程。随着勘查成果的不断积累,通过综合研究及时调整。

（6）利用勘查类型确定勘查工程间距有一定的指导作用，但由于勘查类型和勘查间距是高度归纳的结果，不可能达到勘查所有矿体都适用的程度，往往会造成对地质条件简单的矿床勘查过度而对地质条件复杂的矿床则又勘查不足。因此，在实际工作中应注意充分发挥勘查人员的创新精神，根据矿床本身的特点确定矿床勘查类型和勘查工程间距，并且应在施工过程中进行必要的调整。工程间距是否合理，应根据控制矿体的连续性来检验。

7.2　勘查工程的总体部署

矿床勘查的过程实质上就是对矿床及其矿体的追索和圈定的过程。而追索和圈定的最基本方法就是编制矿床的勘查剖面。因为只有通过矿床各方向上的剖面才能建立矿床的三维图像，从而才能正确地反映矿体的形态、产状及其空间赋存状态、有用和有害组分的变化、矿石自然类型和工业品级的分布，以及资源量/储量估算所需要的各种参数。所以，为了获取矿床的完整概念，在考虑勘查项目设计思路和采用的技术路线时，必须充分考虑到各种用于揭露矿体的勘查工程手段的相互配合，并且要求勘查工程按照一定距离有规律的布置，从而构成最佳的勘查工程体系。

7.2.1　矿体基本形态类型与勘查剖面

自然界的矿体形态是变化多端的，但根据其几何形态标志，可以划分三个基本形态类型：

（1）一个方向（厚度）短，两个方向（走向及倾向）长的矿体，这一类矿体包括水平的、缓倾斜的，以及陡倾斜的薄层状、似层状、脉状及扁豆状矿体等。这种矿体在自然界出现得较多。这种形态的矿体，变化最大的方向是厚度方向，因此，在多数情况下勘查剖面布置在垂直矿体走向的方向上（图7-1）。

（2）无走向的等轴状或块状矿体，这类矿体包括那些体积巨大的，没有明显走向及倾向的细脉浸染状或块状矿体，如各种斑岩型铜、钼矿床和块状硫化物矿床等。这种矿体形状在三度空间的变化可视为均质状态，因而勘查剖面的方向是影响不大的，但从技术施工和研究角度出发，一般均应用两组互相垂直或呈一定角度相交的勘查剖面构成勘查网控制（图7-2）。

（3）一个方向（延深）长，两个方向（走向及倾向）短的矿体，这一类矿体主要是向深部延伸较大的筒状矿体或产状陡厚度较大的层状矿体等。这种矿体最重要的方法是通过水平断面图来反映矿体的地质特征。也即用水平断面在不同的标高截断矿体（图7-3），然后综合各水平的断面中的矿体特征，得出矿体的完整概念。

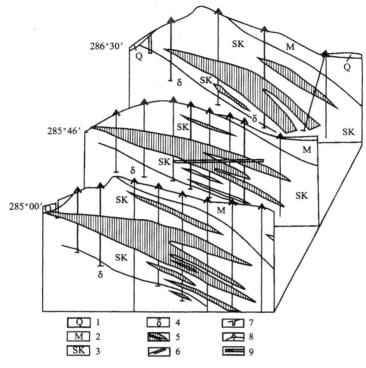

图 7-1　勘查线剖面示意图

1.第四系;2.震旦系变质灰岩;3.夕卡岩;4.闪长岩;5.矿体
6.探槽;7.浅井;8.钻孔;9.用于验证的坑道

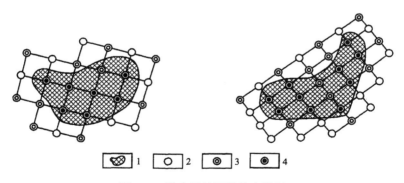

图 7-2　勘查网的两种基本类型

1.矿体在水平面上的投影;2.设计钻孔;3.施工未见矿钻孔;4.施工见矿钻孔

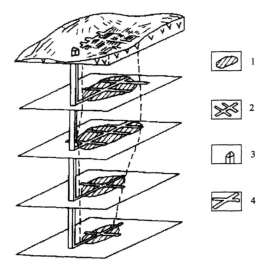

图 7-3　水平勘查筒状矿体
1. 矿体水平投影；2. 地下水平巷道；3. 竖井地表井口位置；4. 地表槽探

　　各种勘查工程都可用于勘查揭露矿体，但它们的技术特点、适用条件及所提供的研究条件不尽相同，因而其地质勘查效果和经济效果也不相同。合理选择勘查工程可以从以下四方面加以考虑。

　　（1）根据勘查任务选择勘查工程：在预查、普查阶段一般以地质、地球物理和地球化学方法为主，配合槽探或浅井进行地表揭露，采用少量钻探工程追索深部矿化或控矿构造；而在详查和勘探阶段，往往以钻探和坑探工程为主，采用地球物理和地球化学方法配合。

　　（2）根据地质条件选择勘查工程：矿体规模大、形态简单、有用组分分布均匀，且矿床构造简单的情况下，采用钻探工程即可正确圈定矿体；如果矿体形态复杂、有用组分分布不均匀、且规模较小，则需要采用钻探与坑探相结合的方式或者采用坑探工程才能圈定矿体。

　　（3）根据地形条件选择勘查工程：地形切割强烈的地区有利于采用平硐勘查；而地形平缓地区则有利于采用钻探工程，如果矿体形态比较复杂、矿化不均匀，而且对勘查要求很高，则可采用竖井或斜井工程。

　　（4）根据勘查区的自然地理条件：如高山区搬运钻机比较困难，可利用坑探工程，严重缺水时也只好采用坑探；地下水涌水量很大的地区只能采用钻探工程。

　　一般情况下，地表应以槽井探为主，浅钻工程为辅，配合有效的地球物理和地球化学方法，深部应以岩心钻探为主；当地形有利或矿体形态复杂、物质组分变化大时，应以坑探为主；当采集选矿试验大样时，也须动用坑探工程；对管状或筒状矿体以及形态极为复杂的矿体应以坑探为主。若钻探所获地质成果与坑探验证成果相近,则不强求一定要投入较多的坑探工程,可以钻探为主,坑探配合。坑探应以脉内沿脉为主,如果沿脉坑道不能揭露矿体全厚时,应以相应间距的穿脉配合进行。

7.2.3　勘查工程的布设原则

采用勘查工程的目的是为了追索和圈定矿体,查明其形态和产状、矿石的质量和数量以及开采技术条件等。显然,只有采用系统的工程揭露才能够达到上述目的,要使每个勘查工程都能获得最佳的地质和经济效果,在布设勘查工程时需要遵循下述原则:

(1)勘查工程必须按一定的间距,由浅入深、由已知到未知、由稀而密的布设,并尽可能地使各工程之间互相联系、互相印证,以便获得各种参数和准确地绘制勘查剖面图。

(2)应尽量垂直矿体或矿化带走向布置勘查工程,以保证勘查工程能够沿厚度方向揭穿整个矿体或矿化带。

(3)设计勘查工程时要充分利用原有勘查工程,以节约勘查经费和时间。

(4)采用平硐或竖井等坑探工程时,设计过程中应充分考虑这些坑道能够为将来矿山开采时所利用。

(5)在勘查工程部署时应根据勘查区不同地段和不同深度区别对待,要有浅有深,深浅结合;有疏有密,疏密结合。既要实现对勘查区的全面控制,又要达到对重点地段的深入解剖。

7.2.4　勘查工程的总体布置形式

勘查工程的总体部署是指在勘查工程布设原则指导下,将所选择的勘查工程按一定方式在勘查区内进行布置的形式。勘查工程的总体布置形式实际上是由一系列相互平行的剖面构成的勘查系统,目的是要展示矿体的三维形态和产状,满足矿山建设的需要。其基本形式有如下三种。

1.勘查线形式

勘查工程布置在一组与矿体走向基本垂直的勘查剖面内,从而在地表构成一组相互平行(有时也不平行)的直线形式,称为勘查线形式。这是矿产勘查中最常用的一种工程总体布置形式,一般适用于有明显走向和倾斜的层状、似层状、透镜状,以及脉状矿体。勘查线布设应考虑到下述要求:

(1)决定对一个矿体或含矿带采用勘查线进行勘查时,则最先的几排勘查线应布置在矿体或矿化带的中部,经全面详细的地表地质研究之后,并已确定为最有远景的地段,然后再逐渐向外扩展勘查线。

(2)勘查线布设需垂直于矿体走向,当矿体延长较大且沿走向产状变化较大时,可布设几组不同方向的勘查线。具体说来,矿体走向与总体勘查线方向不垂直,夹角小于 75°(层状与脉状矿体),或夹角小于 60°(其他类型矿体)可改变局部地段的勘查线方向。

(3)勘查线布设前应在其垂直方向设置 1~2 条基线,基线间距不大于 500m。同时计算勘查线与基线交点的平面坐标及各勘查线端点坐标,按计算结果将勘查线展绘在地质平面图上,并对照现场与地质条件加以检查。

(4)勘查线应编号并按顺序排列,勘查线方向采用方位角表示。根据中国地质调查局《固体矿产勘查原始地质编录规程(试行)》(DD2006—01),勘查线按勘探阶段最密的间隔等距离编号。中央为 0 线,两侧分别为奇数号和偶数号。在预查普查阶段,可以预留那些暂不布置工程的勘查线。

例如,某矿区在勘探阶段深部工程间距应为 200m×200m,地表工程线距为 100m,主矿体为东西走向,勘查线布置为南北向,则中央为 0 线,往西每 100m 依次编号为 1、3、5、7、…;由中央往东每 100m 依次编号为 2、4、6、8、…。如在预查、普查阶段,只设计 800m 或 400m 间距勘查线,为了减少图面负担,可以只保留 800m 或 400m 间距的勘查线(而预留其余线号,随勘查程度提高逐渐补充),如图 7-4 所示。

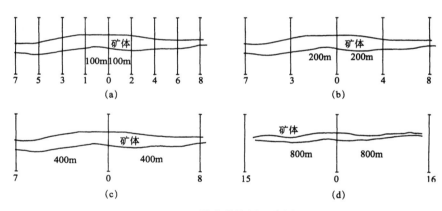

图 7-4　勘查线编号示意图
(a)控制 331 资源量的勘查线;(b)控制 332 资源量的勘查线
(c)控制 333 资源量的勘查线;(d)控制 334 资源量的勘查线

(5)勘查线布设应延续利用前期矿产勘查布置的勘查线,加密工程勘查线应布设在前期勘查线之间。

(6)勘查工程应布置在勘查线上,因故偏离勘查线距离不宜超过相邻两勘查线间距的 5%。在勘查剖面上可以是同一类勘查工程,如全部为钻孔(图 7-1),或全部为坑道,而在多数情况下是各种勘查工程手段综合应用。但是,不论勘查工程是单一或是多种的,都必须保证各种工程在同一个勘查线剖面之内。

勘查工程的编号由工程代号、勘查线号及勘查线上(包括勘查线附近)该类工程顺序号顺次连接而成。如××矿区 2 号勘查线上的第一个探槽编号为 TC201，18 号勘查线上的第一个钻孔编号为 ZK1801。在勘查程度很低，尚无法确定勘查线的矿区和工程少的小矿区，可按工程类别及施工顺序统一编号。例如，钻孔 ZK1、ZK2，探槽 TC1、TC2，但需在勘查设计中作出明确规定。

（7）对零星小矿体、构造，以及矿体边缘的控制性工程布设，可不受勘查线及其方向的控制。

2. 勘查网形式

勘查工程布置在两组不同方向勘查线的交点上，构成网状的工程布置形式，称为勘查网形式。其特点是可以依据工程的资料，编制 2～4 组不同方向的勘查剖面，以便从各个方向了解矿体的特点和变化情况。勘查网布设时应注意以下三点。

（1）勘查网布置工程的方式，一般适用于矿区地形起伏不大，无明显走向和倾向的等向延长的矿体，产状呈水平或缓倾斜的层状、似层状以及无明显边界的大型网脉状矿体。

（2）勘查网与勘查线的区别在于各种勘查工程必须是垂直的，勘查手段也只限于钻探工程和浅井，并严格要求勘查工程布置在网格交点上，使各种工程之间在不同方向上互相联系。而勘查线则不受这种限制，且有较大的灵活性，在勘查线剖面上可以应用各种勘查工程（水平的、倾斜的、垂直的）。

（3）勘查网有以下几种网形：正方形网、长方形网、菱形网及三角形网（图 7-2）。般正方形和长方形网在实际工作中最常用，后两者应用较少。

正方形网用于在平面上近于等向，而矿体又无明显边界的矿床（如斑岩型矿床）、产状平缓或近于水平的沉积矿床、似层状内生矿床及风化壳型矿床等。这些矿床无论矿体形态、厚度、矿石品位的空间变化，常具各向同性的特点。正方形网的第一条线应通过矿体中部的某一基线的中点，然后沿两个垂直方向按相等距离从中部向四周扩展，以构成正方形网去追索和圈定矿体。正方形网的特点在于能够用以编制几组精度较高的剖面，一般两组剖面；同时还可以编制沿对角线方向的精度稍低的辅助剖面。

长方形网是正方形网的变形。勘查工程布置在两组互相垂直但边长不等的勘查线交点上，组成沿一个方向勘查工程较密，而另一方向上工程较稀的长方形网。在平面上沿一定方向延伸的矿体，或矿化强度及品位变化明显地沿一个方向延伸较大而另一方向较小的矿体或矿带，适宜用长方形网布置工程。长方形的短边，也即工程较密的一边，应与矿床变化最大的方向相一致。

菱形网也是正方形网的一个变形。垂直的勘查工程布置于两组斜交的菱形网格的交点上。菱形网的特点在于沿矿体长轴方向或垂直长轴方向每组勘查工程相间地控制矿体，而节省一半勘查工程。对那些矿体规模很大，而沿某一方向变化较小的矿床适于用菱形网。

菱形网在其一个对角线方向加上勘查线便变成三角形网。三角形网，特别是正三角形网可能是较好的一种工程布置形式,用相同的工程量可能比其他布置形式取得较好的地质效果。尽管一些学者在理论上证明了正三角形网的优越性(Annels,1991),但在实际工作中应用者甚为少见,可能的原因还是地质上的考虑,因为自然界的矿体有产状要素的是绝对多数,应用正方形网对了解走向和倾向方向矿体的变化比正三角形网方便得多。

总之,勘查网形的选择,既要全面研究矿区的地形、地质特点和各种施工条件,使选定的网型既能满足勘查工作的要求,又能方便于施工。

3. 水平勘查

主要用水平勘查坑道(有时也配合应用钻探)沿不同深度的平面揭露和圈定矿体,构成若干层不同标高的水平勘查剖面。这种勘查工程的总体布置形式,称水平勘查(图7-3)。

水平勘查主要适用于陡倾斜的层状、脉状、透镜状、筒状或柱状矿体。当平行的水平坑道与钻探配合,在铅垂方向也构成成组的勘查剖面时,则成为水平勘查与勘查线相结合的工程布置形式。以水平勘查布置坑道时,其位置、中段高度、底板坡度等,均应考虑到开采时利用这些坑道的要求。水平勘查坑道的布置应随地形而异。当勘查区地形比较平缓时,通常在矿体下盘开拓竖井,然后按不同中段开拓石门、沿脉、穿脉等坑道。当地形陡峭时可利用山坡一定的中段高度开拓平硐,在平硐中再开拓沿脉和穿脉等坑道以揭露和圈定矿体。

应用水平勘查这种布置形式,可编制矿体水平断面图。

7.2.5　勘查工程间距及其确定方法

勘查工程间距是指最相邻勘查工程控制矿体的实际距离。工程间距也可以理解为每个穿透矿体的勘查工程所控制的矿体面积,以工程沿矿体或矿化带走向的距离与沿倾斜的距离来表示。例如,勘查工程间距为100m×50m,意思是勘查工程沿矿体走向的距离为100m,沿矿体倾斜方向的距离为50m。在勘查网形式中,勘查工程间距是指沿矿体走向和倾向方向两相邻工程间的距离,因而,勘查工程间距又称为勘查网度;在勘查线形式中,勘查工程沿矿体走向的间距是指勘查线之间的距离,沿倾斜的间距是指穿过矿体底板(或顶板,对于薄矿体而言)的两相邻工程间的斜距或矿体中心线(对于厚矿体而言)工程间的斜距;在水平勘查形式中,沿倾斜的间距系指某标高中段的上下两相邻水平坑道底板之间的垂直距离,又称中段高或中段间距。

勘查总面积一定时,勘查工程数量的多少反映了勘查工程密度的大小;勘查工程密度大则说明勘查工程间距小,工程密度小则说明工程间距大。因而,勘查工程间距又称为勘查工程密度。

按一定间距布置工程,实际上是一种系统取样方法。勘查工程间距的大小直接影响勘查的地质效果和经济效果:工程间距过大则难以控制矿床地质构造及矿体的变化性,其勘查结果的地质可靠程度较低;工程间距过小虽然提高了地质可靠程度,但勘查工作量显著增加,可能造成勘查资金的积压和浪费,并拖延勘查项目的完成时间。因此,合理确定勘查工程间距是工程总体部署和勘查过程中都需要考虑的重大问题之一。影响勘查工程间距确定的因素比较多,主要包括以下几方面:①地质因素。包括矿床地质构造复杂程度、矿体规模大小、形状和产状以及厚度的稳定性、有用组分分布的连续性和均匀程度等。要使勘查结果达到同等地质可靠程度,地质构造越复杂、矿体各标志变化程度越大的矿床,所要求的勘查工程间距越小;②勘查阶段。不同勘查阶段所探求的资源量/储量类别不同,这种差别主要反映了对勘查程度的要求。勘查程度要求越高,工程间距越小;③勘查技术手段。相对于钻探而言,坑探工程所获得的资料地质可靠程度更高,因而,同一勘查区若采用坑道,其工程间距可考虑比钻探大一些;④工程地质和水文地质条件。勘查区工程地质和水文地质条件越复杂,所要求的勘查工程间距越小。

　　需要指出的是,在确定工程间距时,要充分考虑勘查区的地质特点,尽可能不漏掉具有工业价值的矿体,同时也要足以使相邻勘查工程或相邻勘查剖面能够互相比对。同一勘查区的重点勘查地段与一般概略了解地段应考虑采用不同的工程间距进行控制。不同地质可靠程度、不同勘查类型的勘查工程间距,应视实际情况而定,不限于加密或放稀一倍。当矿体沿走向和倾向的变化不一致时,工程间距要适应其变化;矿体出露地表时,地表工程间距应比深部工程间距适当加密。选择工程间距的原则,是依据矿床的地质复杂程度和所要求的勘查程度。目的是满足不同勘查程度对矿体连续性的要求。由于矿床形成的复杂性、多样性,决定了勘查工程间距的多样性。每个矿体的勘查工程间距不是一成不变的,不能简单套用相应规范附录中的参考工程间距,而应由矿产勘查项目的技术责任人员自行研究确定。论证资料应在设计和(或)报告中反映。

　　确定勘查工程间距的主要方法包括以下几种。

　　1. 类比法

　　类比法确定勘查工程间距,是根据对勘查区内控矿地质条件和矿床地质特征的分析研究,与现有规范中划分的勘查类型进行比对,确定所勘查矿床的勘查类型,然后参照规范中总结的该类矿床的工程间距进行确定。如果两者之间存在某些差别,可根据具体情况作适当修正。如果是在已知矿区外围或已进行过详细勘查的勘查区外围勘查同类型矿床,则可参考已知矿区或勘查区所采用的工程间距。

　　类比法最大的优点是易于操作,常用于勘查初期阶段。不过,根据作者所知,国内多数地勘单位在实际工作中都倾向于采用类比法确定勘查工程间距,利用相应的间距确定资源量类别并作为转入下一勘查阶段的依据;而且,一些评审机构也是根据相应勘查类型的规范进行资源储量报告的评审。由于类比法是一种基于统计推断原理的经验性推理方法,而矿石品位和厚度等数据都是与其所在空间位置有关;此外,这种方式在较大程度上束缚了勘查地质人员的想象力。因此,采用类比法确定勘查工程间距是否符合所勘查矿床的实际,还需要根据勘查过程中新获得的资料进行验证并对所确定的工程间距进行修正,切忌生搬硬套。

根据第6章介绍的有关CRIRSCO推荐的资源储量分类模板,西方矿业界不推荐采用勘查阶段以及资源储量类别与相应勘查工程间距基本对应的框架,而是在遵照"透明性""具体性"以及"权责性"三项基本原则的基础上,由合格人员根据各自的经验和学识确定矿化连续性及其相对应的资源量类别,其所确定的资源储量类别是否合理自有世界各地的同行专家评判。

2. 稀空法和加密法

按照一定规则放稀工程间距(或取样间距),分析、对比放稀前后的勘查资料结果,从中选择合理勘查工程间距(或取样间距)的方法,称为稀空法。这种方法实质上也是类比法的具体应用,所获得的结果一般只能作为同一勘查区其他地段或特点类似的矿床在确定工程间距或取样间距时的参考,常用于勘探阶段。

该方法的具体操作过程概括为:首先选择矿床中有代表性的地段,以较密的间距进行勘查或采样,根据所获得的全部资料圈定矿体、估算资源储量等;然后将工程密度放稀到1/2、1/3、1/4、…,再分别圈定矿体和估算资源储量等,通过分析对比不同间距所确定的矿体边界、估算出的平均品位或资源储量以及它们之间的误差大小,从中选择误差不超过矿山设计要求的合理的工程间距,再将此间距推广应用至所勘查矿区的其他地段。

加密法与稀空法原理相似但在具体操作上不同。加密法是在勘查区内有代表性的地段加密工程,根据加密前后的勘查成果分别绘制图件和估算资源储量;经对比如果前后圈定的矿体形态变化不大、资源储量误差也未超出允许范围,即可说明原定勘查网度是合理的,反之则表明原定网度太稀,应相应加密。

3. 统计学方法

最佳工程间距(勘查网度)的目的是要以一个合理的精度水平提供需要控制矿体规模和品位工程数或样本大小。毫无疑问,探明的资源储量比控制的和推断的工程间距更小。

如果地质边界已经确定而且如果资源储量估算中每个样品的影响范围与实际影响范围吻合,那么,最佳化就容易实现。影响范围在几何学上常常与相邻样品有关,可是,如果两相邻样品在某个可接受的信度水平上不相关,在两者之间的范围内没有一个事实上可以预期的实际和可度量的影响,它们甚至可能不属于同一个矿体。显然,如果相邻样品表现出显著的相关性,说明工程控制达到了目的,影响范围可以确定,进一步加密工程将是浪费。

确定工程或样品影响范围及适合工程或样品间距的方法有多种。例如,除上面提到的稀空法和加密法外,还有相关系数、均方逐次差检验、区间估计等统计学方法。

　　利用相关系数估计样品的影响范围,其基本思路是,如果工程品位值序列的相关系数接近于 1.0,说明品位之间具有显著的相关性,工程之间没有必要再加密。如果工程位于影响范围之外,则它们的品位值表现出显著的不相关,即品位相关系数接近于 0。

　　均方逐次差检验方法与上面提到的稀空法以及即将涉及的地质统计学方法的原理具有一定的相似性,即按照不同的间距将工程的品位数据分组,检验每个组与相邻组数据之间的独立性;不相关组之间的间距表明品位最大影响范围。

　　取样间距也可以联系到给定的精度范围内估计平均厚度或平均品位所需要补充的工程数或样品数来进行考虑,这实际上利用了区间估计的原理(读者可参考有关统计学的教材)。

　　4. 地质统计学方法

　　20 世纪 40 年代后期,Sichel 判明南非各金矿床中金品位呈对数正态分布,由此确立了地质统计学的开端。50 年代初期,Krige 根据多年对南非金铀砾岩型矿床估量估算的经验,认识到矿床(总体)中金品位的相对变化大于该矿床某一部分(局部)金品位的相对变化,这也就是说,比较近距离采集的样品很可能比以较远距离采集的样品具有更近似的品位。这一论点为日后的地质统计学奠定了基础。

　　20 世纪 60 年代,认识到需要把样品值之间的相似性作为样品间距离的函数来加以模拟,从而建立了变差函数。随后,法国马特龙将 Kerige 等的成果理论化和系统化,提出了“区域化变量”理论,并于 1962 年发表了《应用地质统计学》,该著作标志着地质统计学作为一门新兴边缘学科的诞生。今天,地质统计学已经具有成熟的理论基础,其应用范围也已经扩大到多个领域。

　　经典统计学认为总体的变量值是随机分布的,而地质统计学则认为变量值与其所在的空间位置有关。随时间或空间变化的变量称为区域化变量(regionalized variables),这种变量常常是许多自然现象的特征。例如,品位和厚度都是区域化变量,它们是矿化体的特征。区域化变量强调了两方面的特征:①随机性变化,解释局部性变化特征;②结构性变化,反映了所研究现象的大尺度变化趋势。

　　地质统计学可以定义为研究变量值之间空间相关性(即区域化变量理论)的学科。为了评价样品值与待估块段值之间的关系,地质统计学创立了一个数学函数,称为变差函数,该函数的图形表示称为变差函数图(variogram),它是地质统计学中最基本的要素。变差函数定义为“相距某个距离矢量的区域化变量值均方差的一半”,其函数式为

$$\gamma(h) = \frac{1}{2n} \sum \left[z(x_i + h) - z(x_i) \right]^2 \tag{7.2}$$

　　式中,$z(x_i)$ 为在样品点位置上区域化变量的值;$z(x_i + h)$ 为在点位置上区域化变量的值;h 为滞后(lag)距离矢量;n 为参加计算的数据对的数目。根据该定义,变差函数只与变量值之间的相对距离有关,而与它们所在的绝对位置无关。变差

函数图有多种数学模型,包括球状模型、指数模型、高斯模型、对数模型、线性模型等(表7-1),我们这里只给出最常见的球状模型的图示(图7-5),图中的基本要素解释如下。

表3-1　常见的几类理论变差函数模型

模型名称	数学表达公式	模型参数
球状模型	$\gamma(h) = \begin{cases} C_0 + C(\dfrac{3}{2}\dfrac{h}{a} - \dfrac{1}{2}\dfrac{h^3}{a^3}) & 0 < h \leqslant a \\ C_0 & h = 0 \\ C_0 + C & h > a \end{cases}$	块金常数:C_0 区域化变量的空间组分,称为剩余方差 或拱高:C 基台:C_0+C 变程:a
高斯模型	$\gamma(h) = \begin{cases} C_0 + C(1 - e^{-\frac{h^2}{a^2}}) & h > 0 \\ C_0 & h = 0 \end{cases}$	基台:C_0+C 变程:$\sqrt{3}a$
指数模型	$\gamma(h) = \begin{cases} C_0 + C(1 - e^{-\frac{h}{a}}) & h > 0 \\ C_0 & h = 0 \end{cases}$	基台:C_0+C 变程:$3a$
线性模型	$\gamma(h) = \begin{cases} C_0 & h = 0 \\ wh & 0 < h \leqslant a \\ C_0 + C & h > 0 \end{cases}$	直线斜率:w

　　块金方差(nugget variance):块金方差(C_0)是用于描述在同一位置重复取样结果的吻合程度的术语。它综合考虑了矿床自然固有的变化性和由于采样方法、样品体积大小,以及样品加工和分析过程中的变化性。矿化越均匀,块金方差值越低。例如,沉积层状矿床或微细浸染状矿化趋向于在同一采样点上给出再现的结果,但是非均匀矿化对于取样方法很敏感,而且同一位置可能给出不同的结果(如脉状金矿床)。

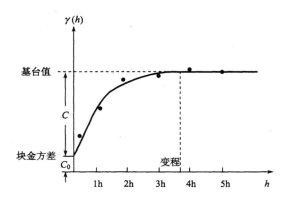

图7-5　典型的球状变差函数图

　　块金方差的大小可以通过检验同一位置或其附近位置重复取样的结果进行考

查,也可以借助于变差函数图进行度量(图中变差函数曲线在 Y 轴的截距即为块金方差的估值,即是样品之间零距离位置的变化程度)。实际上,块金方差是在小于最小取样间距范围内的变化水平。

基台值(sill):基台值(C_0+C)是指变差函数所达到的最大值(对某些基本变异函数,实际应用中取最大值×0.95),即为采样点原点的方差值。

块金方差与基台值的比值定义为块金效应,它是区域化变量随机因素重要性的度量。对于金矿床而言,块金效应一般占总变异性的 30%~50%,其他分布更均匀的矿床(如铁矿床、锰矿床和锌矿床等)具有较低的块金效应;某些粗粒金矿床和砂金矿床可能呈现出块金效应接近 100% 的随机分布,由于缺少空间相关性,这类矿床的勘查难度最大。高块金效应意味着无论采样间距再密,区域化变量值都存在显著的变化。具有所谓纯块金效应的矿床区域化变量表现为随机分布的特征。

变程(range):变程(a)表示变差函数曲线到达基台的点。它可以看作区域化变量值的影响范围,在滞后小于变程的区间内,变量值之间是空间相依的,滞后大于变程值后,样品之间不再存在任何相关性,即变量呈随机性变化;长变程反映了区域化变量分布比较均匀,而短变程则说明区域化变量变化性较大。

如果品位完全是典型的随机变量,则不论观测尺度大小,所得到的实验变差函数曲线总是接近于纯块金效应模型。当采样网格过大时,将掩盖小尺度的结构,而将采样尺度内的变化均视为块金方差。这种现象称为块金效应的尺度效应。

区域化变量的空间结构通过变差函数图清晰地展示出来,由此可以看出区域化变量具有规律性变化和随机性变化的双重性质。

变差函数是矿产勘查阶段最有用的工具之一,它能定量地说明品位连续性的范围和方向,从而有助于地质解释;它也能够突显出由于钻孔间距过大或不正确定向钻孔可能产生的问题。根据某个方向的变差函数图,该方向上可接受的最大勘查工程间距(或取样间距)为图中变程表示的影响范围(影响距离)。建议最好是在变程值的 2/3~3/4 选择一个值作为工程间距,如果块金效应较大,取样间距应相应减小。如果出现纯块金效应(变差函数曲线从平均意义上说呈一水平直线),反映该方向上变量不存在空间上的规律性变化,实际上成为随机变量,可按照经典统计学的方法进行处理。

感兴趣的读者还可参考《固体矿产地质勘查规范总则》(GB/T13908—2002)附录 C1 中有关利用地质统计学方法确定矿产勘查的工程间距的更详细的阐述。

7.3　勘查工程地质设计

7.3.1　勘查深度

　　勘查深度是指勘查工作所查明矿产资源量/储量(主要是指能提供矿山建设作依据的经济储量)的分布深度。例如,勘查深度300m,是指被查明的经济的储量分布在矿体露头或盲矿体的顶界至地下垂深300m的范围之内。目前矿床的勘查深度多在400~600m,矿体规模越大、矿石品质越好,其勘查深度可适当加大,反之则宜浅。同一矿体或同一矿区的勘查深度应控制在大致相同的水平标高,以便合理地确定开采标高。

　　合理的勘查深度取决于国家对该类矿产的需要程度、当前的开采技术和经济水平、未来矿山建设生产的规模、服务年限和逐年开采的下降深度以及矿床的地质特征等。一般来说,对矿体延深不大的矿床最好一次勘查完毕;矿体延深很大的矿床,其勘查深度应与未来矿山的首期开采深度一致,在此深度以下,可施工少量深孔控制其远景,为矿山总体规划提供资料。

7.3.2　勘查控制程度

　　矿产勘查首先应控制勘查范围内矿体的总体分布范围、相互关系。对出露地表的矿体边界应用工程控制。对基底起伏较大的矿体、无矿带、破坏矿体及影响开采的构造、岩脉、岩溶、盐溶、泥垄、老窿、划分井田的构造等的产状和规模要有控制。对与主矿体能同时开采的周围小矿体应适当加密控制。对拟地下开采的矿床,要重点控制主要矿体的两端、上下界面和延伸情况。对拟露天开采的矿床要注意系统控制矿体四周的边界和采场底部矿体的边界。对主要盲矿体应注意控制其顶部边界。对矿石质量稳定、埋藏较浅的沉积矿产,应以地表取样工程为主,深部施工少量工程以验证矿石质量。

　　相应勘查阶段所要求达到的地质研究程度、对矿体的控制程度、对矿床开采技术条件的勘查程度和对矿石的加工试验研究程度称为勘查控制程度。国土资源部2009年下发的《固体矿产资源/储量分类》(征求意见稿)将勘查控制程度分为以下几个方面。

　　普查阶段大致查明、大致控制:是指在矿化潜力较大地区有效的物化探工作基础上,进行了中、大比例尺的地质简测或草测,开展了有效的物化探工作;对地质、构造的查明程度达到相应比例尺的精度要求;投入的勘查工程量有限,发现的矿体只有稀疏工程控制;矿体的连接是据已知地质规律,结合稀疏工程中有限样品的分析成果,以及物化探异常特征推断的,尚未经证实,矿体连续性是推断的;矿石的加工选冶技术性能是据同类型矿床的相同类型矿石的试验结果类比所得或只做了可选(冶)性试验;开采技术条件只是顺便收集了相关资料;据有限的样品分析成果了解了有可能的共伴生组分或矿产。

详查阶段基本查明、基本控制:填制了大比例尺地质图及相应的有效物化探工作,充分收集资料,加强地质研究,主要控矿因素及成矿地质条件已经查明;投入了系统的勘查工程,矿体的总体分布范围已经基本圈定,主矿体的形态产状、规模、空间位置、受构造影响或破坏的情况、主要构造,总体上得到较好的系统控制,小构造的分布规律和范围已经研究,矿体连续性是基本确定的;矿石的质量特征已经大量样品所证实,矿石的物质组成和矿石的加工选冶技术性能,对易选矿石已有同类型矿石的类比,新类型矿石和难选矿石至少应有实验室流程试验的成果;开采技术条件的查明程度应达到相应规范的要求,对与主矿种共伴生的有益组分开展了相应的综合评价,且符合规范要求;对确定的物化探有效异常,在地质、物探、化探综合研讨的基础上,通过正反演计算,选择最佳部位对异常进行了查证及解释。

勘探阶段详细查明、详细控制:在已有大比例尺地质、物探、化探成果基础上,应据日常收集的资料,不断补充、完善地质图及相应的成果;加强地质研究,控矿因素、矿化规律已经查明;对矿体连接存在多解性的地段,通过加密工程予以解决,使主矿体的矿体连续性达到确定的程度。与开采有关的主要矿体四周的边界、矿体沿走向的两端、露采时矿坑的底界、对矿山建设有影响的主要构造,都得到了必要的加密工程控制;邻近主矿体上下的小矿体,在开采主矿体时能一并采出者,应适当加密工程控制;矿石的质量特征及物质组成、含量、结构构造、赋存规律、嵌布粒径大小等已查明;矿石加工选冶技术性能试验,达到了实验室流程试验或实验室扩大连续试验的程度,满足提交报告的需要,难选矿石必要时须作半工业试验;开采技术条件应满足规范的要求,大水矿床,应增加专门水文地质工作的工程量,结合矿山工程计算首采区、第一开采水平的矿坑涌水量,预测下一个水平的涌水量及其他影响矿山开采的工程地质和环境地质问题并提出建议,指出供水方向;对可供综合利用的共伴生组分或矿产,应在矿石加工选冶技术试验时,了解其走向和富集特征。在加工选冶工艺流程中不知去向的组分或矿产,无法认定其资源量的数量。

7.3.3　勘查工程地质设计

在确定了勘查工程种类、总体布置形式、工程间距,以及勘查深度等,勘查项目设计内容中还应进行单项工程设计,然后才能进行施工。工程设计包括地质设计和技术设计两部分,勘查地质人员主要承担地质设计的任务,技术设计一般由生产部门完成。

勘查工程的地质设计是从地质角度出发,根据成矿地质条件、矿床勘查类型、工程布置原则等,确定勘查工程的种类、空间位置,以及有关技术问题。在充分研究勘查区内成矿地质条件和矿床地质特征的基础上,合理有效地选择勘查方法,使勘查工程的地质设计有充分的地质依据,各项工作部署得当、工程之间密切配合,相得益彰。这里主要论述钻探工程和坑道工程设计(见第4章)。

1. 钻探工程地质设计

钻孔地质设计必须借助于勘查区地形地质图,在勘查设计(预想)剖面图上进行。设计之前,应根据地表地质和矿化资料以及已有的深部工程资料对矿体的形态、产状、倾伏和侧伏,以及埋藏深度等特征进行分析研究,充分论证所设计钻孔的目的和必要性。

钻探工程地质设计包括:编制勘查线设计剖面图、选择钻孔类型、确定钻孔戳穿矿体的部位、开孔位置、终孔位置、孔深,以及钻孔的技术要求和钻孔预想柱状图的编制。

(1)编制勘查线设计剖面图

勘查线设计剖面图是反映钻探及重型坑探工程设计的目的和依据的图件,一般是在勘查区地形地质图上沿勘查线切制而成,其比例尺为1:500~1:2000。图的内容包括勘查线切过的地表地形剖面线、勘查基线、坐标网(X、Y、Z坐标线)、矿体露头及其产状、重要的地质特征(地层、火成岩体、地质构造等)在地表的出露界线及其产状、剖面上已施工的勘查工程及其取样分析结果等。图上应尽可能根据已有资料对矿体或矿化体进行圈定。在勘查线设计剖面图上进行钻孔的设计与布置,设计钻孔轴线通常用虚线表示,已施工的工程则用实线绘制。

(2)选择钻孔类型

钻孔类型按其倾角(钻孔轴线与铅垂线的夹角)大小可分为直孔、斜孔以及水平钻孔。主要根据矿体或含矿构造的产状和钻探技术水平进行选定。

(3)钻孔戳穿矿体部位的确定

在勘查线设计剖面图上,每个钻孔戳穿矿体的部位需要根据整个勘查系统的要求来确定。当采用勘查线形式布置钻孔时,通常是在勘查线剖面图上,以地表矿体出露位置或已实施的勘查工程戳穿矿体的位置为起点,沿矿体倾斜方向按确定的工程间距,根据矿体倾角大小,以水平距离(或斜距)沿矿体底板(或矿体中心线)定出第一个钻孔将戳穿矿体的位置,然后顺次确定出后续钻孔的位置。缓倾斜矿体(倾角小于30°)上一般采用水平间距布置勘查工程[图7-6(a)];中等倾斜矿体(倾角30°~60°),勘查工程间距为斜距[图7-6(b)];矿体倾角大于60°时,工程间距按戳穿矿体中心线或底板的铅垂距离计算[图7-6(c)]。

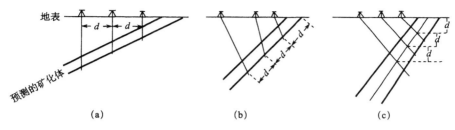

图 7-6　勘查线上沿矿体倾斜方向布置探矿工程示意图
（a）缓倾斜矿体；（b）中等倾斜矿体；（c）陡倾斜矿体

若矿体成群分布，钻孔穿过矿体的位置则以含矿带的底板边界为准；若有数个彼此平行、大小不等的矿体时则以其中主要矿体为依据；若为盲矿体，则以第一个见矿钻孔位置为起点，按所选定的工程间距沿矿体的上下两端定出钻孔戳穿矿体的位置。

采用勘查网形式时，钻孔戳穿矿体的位置是根据勘查网格结点的坐标来确定。采用坑钻联合勘查时，钻孔戳穿矿体的标高应与坑道中段标高一致。

（4）钻孔的孔口位置、终孔位置和孔深的确定

钻孔的孔口位置（孔位）一般根据勘查工程间距及钻孔戳穿矿体的位置在勘查线设计剖面图上按所定钻孔类型，向上延伸钻孔轴线加以确定，钻孔设计轴线与地形剖面线的交点即为该孔在地表的孔位。如果钻孔设计为直孔，从钻孔所定的戳穿矿体的位置向上引铅垂线；若是斜孔或定向孔，从所定截矿位置向上引斜线，在掌握了钻孔自然弯曲规律的地区，斜孔孔位可按自然弯曲度向地表引曲线确定（即按每 50～100m 天顶角向上减少几度反推而成）。

对于斜孔还必须考虑其倾向，即斜孔的方位（直孔不存在倾斜方位）。钻孔的倾斜方位一般与勘查线方位一致并且与矿体倾向相反。由于地层产状及岩性的变化，钻孔在钻进过程中常常会沿地层走向发生方位偏斜。根据实践经验，地层走向与勘查线夹角越小，钻孔方位偏斜越大；地层产状越陡，孔深越大，钻孔方位越容易发生偏斜。因此，设计钻孔时，应根据本勘查区内已竣工钻孔的方位偏斜规律来设计钻孔的开孔方位角，使矿体尽可能按设计要求的位置戳穿矿体。

在上述地质设计的基础上还应考虑钻孔施工的技术条件，首先要求孔位附近地形比较平坦，以便修理出安置钻机和施工材料的机场；其次孔口应避开陡崖、建筑物、道路等，因而在确定孔位时，还应进行现场调查。若孔口位置与地质设计要求出现矛盾时，允许在一定范围内适当移动，移动距离应根据所要探明资源量/储量的级别确定，一般在勘查线上可移动 10～20m，在勘查线两侧可移动数米。

终孔位置：一般根据地质要求确定，钻孔穿过矿体后在围岩中再钻进 1～2m 即可。如果矿体与围岩界线不清楚，应根据矿体沿倾斜的变化情况以及围岩蚀变特征等适当加大设计孔深。为了探索和控制近于平行的隐伏矿体或盲矿体在一些重

要的勘查线上应设计部分适当加深的钻孔,其加深深度根据勘查区内矿化空间分布规律而定。

钻孔孔深:自地表开孔到终孔位置钻孔轴线的实际长度称为钻孔孔深。因此,只要确定了钻孔的终孔位置,即可求得其孔深。

(5)钻孔技术要求

设计钻孔时需要考虑的技术要求包括岩心和矿心的采取率、钻孔倾斜角漂斜和方位角偏离、孔深验证测量、简易水文观测、物探测井和封孔要求等。

(6)编制钻孔预想剖面图

每个钻孔都需要根据勘查线设计剖面编制一份钻孔预想剖面图,比例尺一般为1∶500~1∶1000,以钻孔设计书的形式提交。它是钻孔技术设计和施工的地质依据,其内容包括钻孔编号、孔位、坐标、钻孔类型、各钻进深度的天顶角及方位角、由上至下主要地质界线的位置(起止深度)、可能见矿深度(起止深度)、矿石性质、矿体顶底板是否有标志层以及标志层的特点、钻孔的技术要求及钻孔施工中应注意的事项(如岩心和矿心采取率的要求、终孔位置及终孔深度、测量孔斜的方法、岩石破碎、坍塌、掉块、涌水、流沙层、溶洞等)。实际上,编制钻孔设计书本身就是单个钻孔的设计过程。

钻孔的直径(尤其是终孔直径)依据矿体复杂程度和研究程度而定。当矿体比较简单而且矿体边界已经基本控制住时,可采用小口径岩心钻进或冲击钻进方法确定矿化的连续性;如果勘查程度较低而且矿化复杂,为了保证达到规定的地质可靠程度,对钻孔的终孔直径和岩心及矿心采取率的要求都比较高。

钻孔地质设计完成后,再将钻孔编号、坐标、方位角、开孔倾角、设计孔深、施工目的等列表归总,连同施工通知书提交钻探部门。

2.地下坑探工程地质设计

坑道工程包括平硐、竖井、沿脉、穿脉等深部探矿工程。此类工程施工技术条件复杂,投资费用高,因而在工程设计时必须有充分的地质依据,对应用坑道工程勘查的必要性进行充分的论证。同时,为了使坑道工程能为今后矿床开采所利用,应向相关的开采设计部门咨询,了解开采方案以及开采块段和中段的高度,以便正确进行地质设计。

在坑道地质设计中,新勘查区与生产矿山外围和深部的要求有所不同。在新勘查区地下坑探工程设计的内容主要包括:坑道系统的选择、勘查中段的划分、坑口位置的确定、坑道工程的布置、设计书的编制等(见4.1.3节)。而生产矿区则往往借助于探采资料有针对性地进行坑道设计。

第8章　矿产勘查取样

8.1　取样理论基础

8.1.1　取样理论几个基本概念

1. 总体

总体(population)是根据研究目的确定的所要研究同类事物的全体。例如,如果我们研究的对象是某个矿体,那么该矿体就是总体;如果研究的是某个花岗岩体,那么,该岩体就是总体。在实际工作中,我们关注的是表征总体属性特征的分布,如矿体的品位、厚度,花岗岩的岩石化学成分等,在统计学中,总体是指研究对象的某项数量指标值的全体(某个变量的全体数值)。只有一个变量的总体称为一元总体,具有多个变量的总体称为多元总体。总体中每一个可能的观测值称为个体,它是某一随机变量的值,对总体的描述实际上就是对随机变量的描述。

总体是矿产勘查中最重要的研究对象,而且,矿产勘查所研究的总体(如矿体品位、厚度、体重等)都具有无限性。

2. 样品

样品(sample)是总体的一个明确的部分,是观测的对象。在大多数总体中,样品常常是一个单项(一个单体或一件物品)、一个基本单位(不能划分成更小的单位)或者是可以选作样本的最小单位。在矿产勘查中,取样单位是由地质人员规定的,而且,为了获得有用的数据,这种规定必须包括取样单位的大小(体积或重量)和物理形状(如刻槽尺寸、钻孔岩心的大小、把岩心劈开还是取整个岩心,以及取样间距等)。

3. 样本

样本(sample)是由一组代表性样品组成,其中,样品的个数(n)称为样本的大小或样本容量。在统计学参数估计中,$n \geqslant 30$ 称为大样本,大样本的取样分布近似于服从正态分布;$n < 30$ 为小样本,小样本的取样分布采用 t 分布进行研究。研究样本的目的在于对总体进行描述或从中得出关于总体的结论。

总体在某一研究目的和时空范围内是确定的并且是唯一的;而作为实际观测研究对象的样本则不同,因为从一个总体中可以抽取很多个样本(理论上,地学中大多数总体中可以抽取无限个样本),每次可能抽到哪一个样本是不确定的,也不是唯一的,而是随机的。理解这一点对于掌握取样推断原理非常重要。

4. 参数

总体的数字描述性度量(即数字特征)称为参数(parameters)。在一元总体内,参数是一个常数,但这个常数值通常是未知的,从而必须进行估计;参数用于代表某个一元总体的特征,经典统计学中最重要的参数是总体的平均值、方差和标准差。平均值描述观测值的分布中心,方差或标准差描述观测值围绕分布中心的行为。

每个数字特征描述频率分布的一定方面,虽然它们不能描述频率分布的确切形状,但能说明总体的形状概念。例如,"某个金矿体的矿石量为 1000 万 t,金的平均品位为 5g/t",这两个数字特征虽然没有详细地描述出该矿体的细节,但给出了规模和质量的概念。

5. 统计量

样本的数字描述性度量称为统计量(statistics),即是根据样本数据计算出的量,如样本平均值、方差和标准差等。利用统计量可以对描述总体的相应参数进行合理的估计。

6. 平均值

平均值(mean)是一个最常用、最重要的总体数字特征,矿产勘查中常用的平均品位、平均厚度等都是一种平均值,而且,用得最多的是算术平均值和加权平均值。

(1)算术平均值

算术平均值($\bar{x}$)是指 n 个数据 $x_1,x_2,x_3,\cdots,x_n$ 之和被 n 除所得之商:

$$\bar{x} = \frac{x_1+x_2+x_3+\cdots+x_n}{n} \tag{8.1}$$

算术平均值的计算是假定样本中所有观测值都是来自于相同大小的样品或取样单位,如样品的体积相同或质量相等。

(2)加权平均值

加权平均值是权衡了参加平均的各个数据对结果所产生影响的轻重后所算出的平均值。设参加平均的各数值为 $x_1,x_2,x_3,\cdots,x_n$,其权数分别为 $p_1,p_2,p_3,\cdots,p_n$(p_i 值的大小反映了 x_i 在参与平均时重要性的大小,或应起作用的大小),则诸 x_i 的加权平均值($\bar{x}$)为

$$\bar{x} = \frac{x_1p_1+x_2p_2+x_3p_3+\cdots+x_np_n}{p_1+p_2+p_3+\cdots p_n} \tag{8.2}$$

显然,当各权数义相等时,加权平均值等于算术平均值,因此,算术平均值也可看作等权的加权平均值。由于权数(p_i)的大小反映了 x_i 在参与平均时的重要性大小,其加权平均的结果更加合理。在矿产勘查中常用加权平均法来求得某一变量

的平均值。例如,在样品取样长度不等的情况下,在资源量/储量估算时以取样长度为权计算样本的平均品位和平均厚度。

表 8-1 列出了一条横切含金构造剪切带的探槽取样分析的结果及其算术平均品位值和加权平均品位值。由于样品的取样长度不等,如果采用其算术平均值进行描述,则有可能被误导(相对于加权平均值夸大了 189%)。在这种情况下,如果为了强调其中的高品位,可以描述为"该探槽揭露 6.17m 厚的金矿化带,平均品位 6.27g/t,其中包含厚度为 1.2m 品位为 16.5g/t 和厚度为 0.1m 品位为 40g/t 的富矿地段"。

表 8-1 某探槽切穿含金构造剪切带的取样分析结果

样品编号	岩石类型	金品位/(g/t)	样长/m	金品位×样长
TC1	围岩	0.02	1.00	0.00
TC2	含硫化物带	40.00	0.10	4.00
TC3	片岩	1.03	1.30	1.339
TC4	硅化带	10.20	0.75	7.65
TC5	片岩	2.40	2.00	4.80
TC6	石英脉	16.50	1.20	19.80
TC7	片岩	1.20	0.80	0.96
TC8	围岩	0.02	1.00	0.00
合计		71.33	6.15	38.549
算术平均值		11.89(g/t)		
加权平均值		6.27(g/t)		

(3)几何平均值

如样本的观测值为 $x_1, x_2, \cdots, x_n$,则 n 个观测值乘积的 n 次方根即为样本的观测变量的几何平均值。

$$G_m = \sqrt[n]{x_1 \times x_2 \times \cdots \times x_n} = \sqrt[n]{\prod_{i=1}^{n} n_i} \qquad (8.3)$$

通过对式(8.3)取对数,可求得几何平均值的对数,对之取反对数就可获得几何平均值。

$$\log G_m = \frac{1}{n}(\log x_1 + \log x_2 + \cdots + \log x_n) = \frac{\sum_{i=1}^{n} \log x_i}{n} \qquad (8.4)$$

几何平均值与算术平均值的不同表现在其变量的取值不能为零或负值,相同数据的几何平均值总是小于或等于该组数据的算术平均值;数据越分散,几何平均值较算术平均值就越小。

地学上,尤其是在地球化学工作中整理那些服从对数正态分布的变量数据(或某些数据变化范围很大以及呈正偏斜分布的数据)时,常采用几何平均值计算样本的平均值。

7. 方差和标准差

方差(variance)是度量一组数据对其平均值的离散程度大小的一个特征数。总体方差一般用 σ^2 表示,样本方差常用 s^2 表示。设有 n 个观测值 $x_1, x_2, x_3, \cdots, x_n$ 其平均值为 $\bar{x}$,则其方差 s^2 为

$$s^2 = \frac{\sum_{i=1}^{n}(x_i - \bar{x})^2}{n-1} \quad i = 1, 2, 3, \cdots, n \qquad (8.5)$$

样本方差(s^2)的平方根(s)称为标准差(standard deviation),式中除以($n-1$)而不是 n 的原因是为了保证样本方差 s^2 是总体方差 σ^2 的无偏估计。方差和标准差是最重要的统计量,不仅用于度量数据的变化性,而且在统计推理方法中起着重要的作用。

8. 变化系数

假设两组数据具有相同的标准差,但它们的平均值不等,能认为这两组数据的变化程度相同吗?答案显然是否定的。为了比较不同样本之间数据集的变化程度,人们引入了变化系数(coefficient of variation)的概念,其数学表达式为

$$CV = \frac{S}{\bar{x}} \times 100\% \qquad (8.6)$$

式中,CV 为一组数据 $x_1, x_2, \cdots, x_n$ 的变化系数;S 为该组数据的标准差;$\bar{x}$ 为该组数据的平均值。显然,变化系数的值越大,说明数据的变化性越大。如果认为标准差反映了数据的绝对离散程度,变化系数则反映了数据的相对离散程度。注意当 $\bar{x}$ 接近于 0 时,变化系数就会失去意义。

在矿产勘查中,利用变化系数能够更好地反映地质变量的变化程度。例如,不同矿床或同一矿床不同矿体的平均品位不同,利用标准差不能有效地对比矿床之间有用组分分布的均匀程度,而利用变化系数进行对比则比较方便。

9. 变量的分布

变量的变异型式称为分布(distribution),分布记录了该变量的数值以及每个值出现的次数。为了了解变量的分布,将样本数据按照一定的方法分成若干组,每组内含有数据的个数称为频数,某个组的频数与数据集的总数据个数的比值叫做这个组的频率。频率分布直方图是表现变量分布的一种常见经验方式(图8-1),概率分布是频率分布的理论模型。

　　正态分布(normal distribution)是一种对称的连续型概率分布函数。正态分布变量极其有用的特点是可以利用两个描述性统计量(平均值和标准差)对这种分布进行描述,根据这两个统计量,我们可以预测小于或大于某个特殊值的数据比例,从而利用正态分布的性质进行参数检验很直接、有效而且易于应用。

　　在正态分布中,分布曲线总是对称的并呈钟形。根据定义,正态分布的平均值是其中点值,平均值两侧曲线之下的面积是相等的。正态分布的一个重要性质是在任何指定的范围内,其曲线下的面积可以精确地计算出来。例如,全部观测值的68%位于算术平均值两侧一个标准差的范围内,95%的观测值落在平均值两侧 2 个(实际上是 1.96 个)标准差范围内。

　　地学中的数据很多都具有非对称性而不是正态分布,通常这类非对称分布是向右偏斜的[即直方图或频率分布曲线呈长尾状向右侧延伸,又称为正偏斜,这意味着具有这种分布的数据中低值数据占优势,如图 8-1(c)所示;反之则称为左偏斜或负偏斜]。在非正态分布中,标准差或方差与其分布曲线之下的面积不存在可比关系,所以,需要采用数学转换将偏的数据转化为正态数据,最常用的方法是对数正态转换。

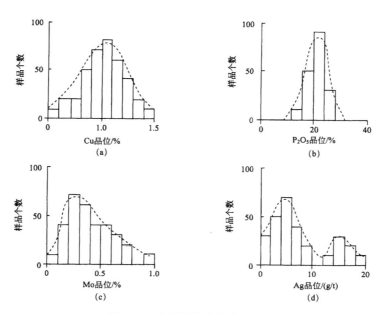

图 8-1　典型的样本分布直方图

(a)正态分布,变化性中等,一些层状和块状硫化物矿床具有这种分布特征;(b)正态分布,变化性较小,一些类型的工业矿物矿床、铁矿床和锰矿床具有这种分布特征;(c)对数分布,许多钼、锡、钨,以及贵金属矿床具有这种特征;(d)双峰式分布,这种分布可能是由于样品来自于两个不同的矿床类型或矿化类型

　　利用成矿元素分析值绘制的频率分布图可以指示矿化作用。统计学经验表明,呈双峰式分布的频率分布图或累积频率分布图[图 8-2(a)和图 8-2(c)]可能派生于两个总体(如地球化学背景和异常,或者是二次成矿作用的产物);呈正偏斜分布的微量元素数据集如果不服从对数正态分布或者其对数标准差大于1(log10)则可能表明不止一个地质过程(图 3-11),或许隐含矿化过程[图 8-2(b)]。成对元素的散点图也可能证实多个总体(子体)的存在[图 8-2(d)],其中一个子体可能代表矿化,成对变量的相关性可能是两个或多个总体混合的结果。

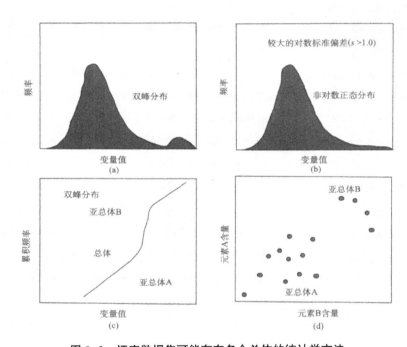

图 8-2　证实数据集可能存在多个总体的统计学方法
(a)双众数(双峰)分布直方图;(b)高度偏斜的分布
(c)双众数分布的累积频率图;(d)二个混合总体的散点图

　　变化系数为品位总体的性质提供了一个好的度量;变化系数小于 50%,一般指示品位总体呈简单的对称分布(近似的正态分布),对于具有这种分布特征的矿化其资源储量估计相对比较容易;变化系数为 50%~120%的总体具有正偏斜分布特征(可转化为对数正态分布),其估值难度为中等;变化系数大于 120%的总体分布将是高度偏斜的,品位分布范围很大,局部资源储量的估计将面临着一定的难度;如果变化系数超过 200%(这种情况常见于具有高块金效应的金矿脉中),总体分布将会呈现出极度偏斜和不稳定状态,几乎可以肯定存在多个总体,这种情况下局部品位估值是非常困难甚至是不可能的,只能借助于经典统计方法估计整体的品位值。

8.1.2 取样目的

取样的目的是为了获取参加某项研究的个体(样品)以获得有关总体的精确信息,多数情况下是为了估计总体的平均值。从主观上讲,我们希望所获样本能够尽可能精确地提供有关总体的信息,但每增加一个数据(样品)都是有代价的。因此,我们的问题是如何才能够以最少的经费、时间和人力通过取样获得有关总体的精确信息。由于信息和成本之间存在着约束,在给定成本的条件下可以过合理的取样设计使获取的有关总体的信息量达到最大。

矿产勘查早期阶段取样的目的可能是为了了解某个矿化带的范围以及质和量的粗略估计;容量很小的样本不应看作是取样区域的代表,因而不能得出经济矿床存在或缺失的结论。随着勘查工作的深入进行,需要研究确定矿石的质和量以及开采条件和加工技术性能,通过精心设计和控制的方式进行系统采样,样本容量将会迅速扩大,而早期的小样本已经构成了后期大样本的一部分。因此,实际工作中所有的取样设计都应考虑到最终目的是要精确的估计矿床的品位和吨位,并且应当为实现这一目的而进行详细的规划。每个取样阶段所获得估值的可靠性可以用统计分析来表示。

8.1.3 取样理论

取样理论主要研究样本和总体之间的关系,我们采集所有与样本相关的信息,目的在于推断总体的特征。其中,首要的问题是选择能够代表总体的样本。

取样理论是围绕这样一个概念建立起来的,即如果无偏地从总体中选择足够多的代表性样品组成样本,那么,该样本的平均值就近似的等于该总体的平均值。现代取样理论试图回答在给定的范围和约束条件下需要采集的样品个数并且寻求如何以最低的成本提供目前所待解决问题的足够精确估值的取样方法和估值方法。为了实现这些目的,需要借助于统计学理论。

矿床或块段的平均品位是基于对矿床或块段的取样分析结果估计的,矿产取样(包括采样、样品加工、分析等步骤)常常是评价矿产资源储量过程中最关键的步骤。

1. 取样分布

对于每个随机样本,我们都可以计算出诸如平均值、方差、标准差之类的统计量,这些数字特征与样本有关,并且随样本的变化而变化,于是可以得出统计量的概率分布或概率密度函数,这类分布称为取样分布。例如,假设我们度量每个样本的平均值,那么,所获得的分布就是平均值的取样分布,同理,我们还可以得出方差、标准差等统计量的分布。对于取样分布而言,如果全部样本某个统计量的平均值等于其相应的总体参数,那么,该统计量就称为其参数的无偏估计量(如样本平均值是总体平均值的无偏估计量),否则,就是有偏估计量(如样本标准差是总体标准差的有偏估计量)。

根据中心极限定理,如果总体是正态分布,那么,无论样本的大小(n)如何,其平均值的取样分布都服从正态分布;如果总体是非正态分布,那么只是对于较大的 n 值来说($n \geqslant 30$),平均值的取样分布才近似于正态分布。

2. 点估计

把统计学的知识应用于矿产勘查中,在大多数情况下,矿体的参数真值或其概率分布是不可能知道的,即使在其被开采完毕后,由于开采过程中的贫化、损失等原因,仍然不可能获得其参数的真值。我们实际所获得的数据是样本的观测值。显然,我们所面临的问题是应当利用样本的什么功能来估计所研究的矿体的重要未知参数——平均品位、平均体重、平均厚度及其方差(标准差)等。由于不可能知道其真值,就必须借助于样本值来对这些参数进行估计。换句话说,以样本统计量作为其参数的估值,如把根据样本求出的平均品位作为矿床(矿体、矿段或矿块)平均品位的估值。

利用单值(或单点)估计总体未知参数的统计推断方法称为参数的点估计。在矿产勘查中,点估计的应用极为广泛,如根据不同勘查阶段获得的矿体平均品位、平均厚度、平均体重等(即样本平均值)估计矿体相应的参数,根据从某个地质体中获得的某种元素的样本平均值估计该元素在该地质体中的背景值等。虽然平均值的点估计是我们利用任何已知样本作出的优良估值(满足无偏性、相对有效性以及一致性的要求),但是,由于一个样本的 $\bar{x}$ 值不会是恰好就等于 μ 值,因此,点估计几乎必然会出错,而且不能给出任何可信度的概念。值得指出的是,许多地质人员在实际工作中往往忽视了样本平均值与总体平均值的差异,以至于把样本的平均品位(估值)与矿床平均品位(真值)混为一谈,将根据样本数据获得的矿石吨位(估值)与矿床规模(真值)混为一谈,有可能导致勘查工作或投资决策失误。

3. 区间估计

如果样本频率分布趋近于正态分布,那么,样本数据的平均值、方差、标准差等统计量能够提供样本所代表的矿床(体)相应参数的合理估计。

如果样本分布服从对数正态分布,那么,应当计算样本的几何平均值和标准差。许多矿床类型,尤其是浅成热液金矿床以及热液锡矿床等,几何平均值能够更合理的提供矿床(体)平均品位的估值。

利用样本标准差可建立平均值的标准误差:

$$\sigma \bar{x} = \frac{\sigma}{\sqrt{n}} \qquad (8.7)$$

式中,$\sigma \bar{x}$ 为取样分布的标准差;σ 为总体的标准差;n 为样本的个数。根据 Keller(2004)对中心极限定理含义的注释,样本容量(n)为 30 及以上即为大样本,

式中总体标准差(σ)可利用样本标准差(s)代替。从而,利用正态分布可建立平均值的置信区间(CI):

$$CI = \bar{x} \pm z_{\frac{a}{2}} \frac{s}{\sqrt{n}} \tag{8.8}$$

式中,$\bar{x}$ 为样本平均值;z 为 z 分数(z score),只要给定了置信水平,就可以在标准正态分布表中查出 z 值。例如,某铅锌矿床 60 个 Pb 品位的数据集,其平均值为 8.5%Pb,标准差为 1.2%Pb,以 95% 的置信水平查得 z 值为 1.96,根据式(8.8),该平均的置信区间(CI)为

$$CI = 8.5 \pm 1.96 \times \frac{1.2}{\sqrt{60}} = 8.5 \pm 0.3$$

即是说,有 95% 的置信水平将该矿床 Pb 平均品位的真值定位在 8.8% ~ 8.2% Pb 的区间内。需要强调的是,置信水平 95% 仅仅用于描述构造置信区间上、下界统计量(因为区间上、下界是随机的)覆盖该矿床 Pb 平均品位真值(即总体平均值)的概率。例如,假设 100 个样本构成的 100 个置信区间,其中有 95 个区间可能包含平均品位的真值,而仅仅根据一个样本数据获得的只是其中的一个置信区间,这个非随机区间是否包含该总体参数,一般是不可能知道的。

对于小样本($n<30$),可以利用分布定义置信概率的置信区间,只需将查 t 分布表得到的相应置信概率的 t 值代替式(8.8)中的 z 值即可。

计算置信区间的式(8.8)可以整理为

$$n \geq (z_{\frac{a}{2}} \frac{2s}{CI})^2 \tag{8.9}$$

利用该式可以近似估计达到平均值估值精度要求所需的样品个数。例如,假设对于探明的资源储量(331)的品位估值误差以 95% 的置信水平应该控制在 20% 的精度范围内,如果详查阶段施工了 60 个钻孔,估算了控制的资源储量(332),其平均品位为 1%Cu,标准差为 1.5%Cu,那么,升级为探明的资源量,平均品位应该为 0.8% ~ 1.2%Cu。将上述已知值代入式(8.9)得

$$n \geq (\frac{1.96 \times 2 \times 1.5}{0.4})^2 \approx 216$$

也就是说,为了使铜平均品位达到探明的资源储量要求,需要补充施工 216-60 = 156 个钻孔。实际工作中,标准差和平均值的估值误差会随着样品数(n)的增大而降低;从而,随着取样数据的补充,应重新计算置信区间,直到获得所要求的精度为止。

根据 Carter 等(2006),利用预先设定的置信水平、平均值相对误差以及变化系数也可以估计所需的样品个数(n)。例如,设定置信水平为 0.95、相对误差为 0.25、变化系数为 50%,需要 17 个样品;如果变化系数为 150%,则需要 139 个样品。相对误差

采用下式表示：

$$相对误差 = \frac{样本平均值 - 总体平均值}{总体平均值} \tag{8.10}$$

4. 估值精度和准度

精度又称精确性(precision)，用于衡量观测误差，反映数据的可重复性。例如，同一个样品两次分析的结果非常相近，或者从同一总体采集的样本数据分布很集中，或者同一个总体采集多个样本获得的平均值非常接近，我们就说估值精度很高。精度越低的数据集，需要更大的样本容量才能抵消数据中的噪声。可以利用标准差对精度进行度量，而在矿产勘查中为了更直观地反映精度，一般用百分数的形式表示，如资源储量估计的精度实际上就是区间估计中的置信度（见11.8节）。

准度或准确性(accuracy)是指估值与真值的接近程度，即估值误差。一般采用两个数据集之间的平均值之差或者样本平均值及其总体平均值之差进行准度的讨论，由于矿石品位以及其他地质变量的总体都是无穷的，因而难于获知估值的准确性。既然准确性不能测定，那么只能根据反映某种准确分析方法的似然值的重复观测进行推断。例如，标准值、标样、基准值等都是用于评价某个分析方法准确性的尝试，实际上，这些参考值或样品只不过是估计样品或取样过程的偏差，而非其准确性。

在矿产勘查取样中采用的统计方法都是用于度量其精确性而不是准确性。假设观测值具有较高的精度而准度较低，则可能存在系统误差。

8.1.4　取样方法

经典统计学中一般是采用概率取样方法。概率取样是基于设计好的随机性，即是在某种事先确定好的方法基础上选择用于研究的样品，从而消除在样品选择过程中可能引入的任何偏差（包括已知和未知的偏差），在概率取样过程中，总体的每个成员都有被选中的可能性。非概率取样方法是以某种非随机的方式从总体中获取样品，包括方便取样、判别取样、配额取样、滚雪球取样等。

概率取样方法包括随机取样、层状取样、丛状取样，以及系统取样四种基本的取样技术。

1. 随机取样

从大小为 N 的总体中通过随机取样(random sampling)获取大小为 n 的样本。假设每个大小为 n 的样本都有同等发生的机会，那么，该样本就是随机样本。该类样本总是总体的一个子集，并且 $n < N$。

随机取样操作简便、成本较低，主要缺点是不能用于面积性的等间距取样。在我们的实际工作中，样品加工和化学分析一般采用随机取样形式进行抽样。有时也可同时采用随机形式和面积性的系统形式（见下述系统取样）。例如，先在研究区内粗略地布置取样网格,然后取样者到网格点所在的实地随机地选取采样位置;或者是在精确布置好的取样位置周围,随机地采集若干岩(矿)石碎屑组成一个样品。

2. 层状取样

层状取样(stratified sampling)适合于分布不均匀的总体,其操作首先需要把总体分成若干个非重合的组,每个组称为一个层,每个层内的个体在某种方式上说是均匀分布的或是相似的;然后采用随机取样的方式从每个层中获取的样品组成小样本,最后把各层的小样本合并成一个样本,这种样本称为层状样本。相对于随机取样而言,层状取样的优点是可以采取较少数量的样品获得相同或更多的信息,这是因为每个层中的个体都有相似的特征。

在矿产勘查中,由于岩石或矿石类型不同而要求分层取样,但实际操作上,分层取样几乎总是与面积性的系统取样形式结合使用。具体地说,就是垂直于主要矿化带按一定间距布置剖面线,然后在剖面线上按一定间距进行分层取样。

3. 系统取样

从总体中选取每第 k 个样品的取样方法称为系统取样(systematic sampling)。系统取样方法的原理是相对比较简单的,即选取一个数 k ,然后在 $1 \sim k$ 随机地选择一个数作为第一个样品,此后每隔第 k 个个体取作样品构成系统样本。

上述随机取样和层状取样都要求列出所研究总体的全部个体,而系统取样无此要求,因此,在不能理出总体的全部个体时,系统取样方法是很有用的。不过,随之而来的问题是,如果我们不知道总体的大小,那么,我们如何选择 k 值呢?没有确定 k 值的最好的数学方法。合理的 k 值应该是不能过大,过大的 k 值可能不能获得所需的样本容量;也不能太小,根据太小的 k 值所获得的样本容量可能不能代表总体。

在矿产勘查中,取样通常是采取面积性的系统取样,这种取样是把取样位置布置在网格的结点上,如果数据的变化近于各向同性,则采用正方形网格,如果存在线性趋势,则采用矩形网,这种取样方式可以提供一个比较好的统计面。取样间距(即 k 值)的确定见 7.2 节。

4. 丛状取样

丛状取样(cluster sampling)的原理是随机地抽取总体内的个体集合或个体丛组成小样本,所有被选取的这些小样本合并成一个样本,这种样本称为丛状样本。显然,丛状取样需要考虑如下问题:①如何对总体进行分丛?②应该抽取多少个丛?③每个丛应该含多少个个体?

为了解决上述问题,首先必须确定所设定的丛内个体的分布是否均一,即这些个体是否具有相似性;如果样品丛是均一的,那么,采取较多的丛且每个丛由较少的样品构成的方式比较好。如果样品丛的分布是非均一的,样品丛的非均一性可能与总体的非均一性相似,也就是说,每个样品丛都是总体的一个缩影,在这种情况下,采取较少数量但含较多个体的丛是合适的。

钻探取样可以看做是面积性系统取样与丛状取样形式相结合的例子,即按照一定的网度布置钻孔,钻孔岩心可以认为是样品丛。

好的取样设计必须符合:①能够获得有代表性的样本;②产生的取样误差很小;③取样费用较低;④能有效控制系统误差;⑤样本分析结果能以合理的可信度应用于总体。

8.1.5　取样过程中的误差

从总体中选取样本观测值的过程可能存在两种类型的误差:取样误差和非取样误差。在取样方法设计的过程中或者在对取样观测结果进行检验时都应该了解这些误差的来源。

1. 取样误差

取样误差(sampling error)又称估值误差,是指样本统计量及其相应的总体参数之间的差值。由于样本结构与总体结构不一致,样本不能完全代表总体,因此,只要是根据从总体中采集的样本观测值得出有关总体的结论,取样误差就会客观存在。

正确理解取样误差的概念需要明确两点:①取样误差是随机误差,可以对其进行计算并设法加以控制;②取样误差不包含系统误差。系统误差是指没有遵循随机性取样原则而产生的误差,表现为样本观测值系统性偏高或偏低,因而又称为规律误差或偏差。

取样误差可分为标准误差(standard error)和估值误差(estimation error)。

(1)标准误差

取样分布的标准差($\sigma_{\bar{x}}$)称为平均值的标准误差[式(8.7)]。标准误差反映了所有可能样本的估值与相应总体参数之间平均误差的大小,可衡量样本对总体的代表性大小。平均说来,标准误差越小,样本对总体的代表性越好。影响标准误差的因素主要包括样本容量和取样方法:①样本容量越大,标准误差越小;②在样本容量相同的情况下,不同的取样方法会产生不同的取样误差,其原因是采用不同的取样方法获得的样本对总体的代表性是不同的。因而需要根据总体的分布特征选择合适的取样方法。

(2)估值误差

估值误差又称为允许误差,是指在一定的概率条件下,样本统计量偏离相应总体参数的最大可能范围。以平均值为例,在一定概率下:

$$|\bar{x}-\mu| \leqslant \triangle_{\bar{x}} \tag{8.11}$$

式中,$\triangle_{\bar{x}}$ 为平均值的估值误差;$\bar{x}$ 为样本平均值;μ 为总体平均值。该式表明:

在概率一定的条件下,样本平均值与总体平均值的误差绝对值不超过估值误差。

基于理论上的要求,估值误差通常需要以标准误差为单位来衡量。例如,平均值的估值误差为

$$\triangle_{\bar{x}} = z\sigma_{\bar{x}} = z\frac{\sigma}{\sqrt{n}} \tag{8.12}$$

式中,z 为 z 分数;$\sigma_{\bar{x}}$ 为平均值的标准误差;σ 为总体的标准差。该式阐明了估值误差为标准误差的若干倍。需要强调的是,估值误差是一个可能的区间(值域),该区间的大小与概率紧密相连,利用区间估计可以求出其置信区间[式(8.8)]。

2. 非取样误差

非取样误差比取样误差更严重,因为增大样本的容量并不能减小这种误差或者降低其发生的可能性。在获取数据的过程中的人为失误,或者所选取的样本不合适而导致非取样误差的产生。

(1)在获取数据过程中可能出现的误差:这类误差来源于不正确的观测记录。例如,由于采用不合格的仪器设备进行观测得出不正确的观测数据、在原始资料记录过程中的错误、由于对地学概念或术语的误解导致不准确的描述、样品编号出错,诸如此类。

(2)无响应误差:无响应误差是指某些样品未能获得观测结果而产生的误差。如果出现这种情况,所收集到的样本观测值有可能由于不能代表总体而导致有偏的结果。在地学上,很多情况下都有可能出现无响应,如野外有的部位无法采集到样品、有的样品在搬运途中可能损坏、有的元素含量低于仪器检测限而导致数据缺失等。

(3)样品选取偏差:如果取样设计时没有能够考虑到对总体的某个重要部位的取样,就有可能出现样品选取偏差。

8.2　矿产勘查取样

8.2.1　矿产勘查取样的定义

在矿产勘查学中应用统计学理论时,我们应当意识到样本的统计学定义与其在矿产勘查中的相应定义之间的差异:在统计学中,样本是一组观测值;而在矿产勘查学中,样本是矿化体的一个代表性部分,分析其性质是为了获得某个统计量,如矿化体品位或厚度的平均值。矿产勘查取样需要统计学理论的指导,但其研究对象和研究内容具有特殊性,而且必须借助于一定的技术手段才能获得相关的样品。

　　所谓矿产勘查取样是指按照一定要求,从矿石、矿体或其他地质体中采取一定容量的代表性样本,并通过对所获得样本中的每个样品进行加工、化学分析测试、试验,或者鉴定研究,以确定矿石或岩石的组成、矿石质量(矿石中有用和有害组分的含量)、物理力学性质、矿床开采技术条件以及矿石加工技术性能等方面的指标而进行的一项专门性的工作。根据该定义,矿产勘查取样工作由三部分组成。

　　(1)采样:从矿体、近矿围岩或矿产品中采取一部分矿石或岩石作为样品,这一工作称为采样;

　　(2)样品加工:由于原始样品的矿石颗粒粗大,数量较多或体积较大,所以需要进行加工,经过多次破碎、拌匀、缩分使样品达到分析、测试要求的粒度和数量;

　　(3)样品的分析、测试或鉴定研究。

　　本节只对采样方法进行简要介绍,有关样品加工和分析测试方面的内容将在下一节涉及。

8.2.2　矿产勘查中常用的采样方法

　　采样是矿产勘查取样的一个基本环节,矿产勘查各阶段都必须进行采样工作。由于采样目的和所采集的样品种类、数量以及规格不同,所采用的采样方法也有所不同。常用的采样方法主要有以下几种。

　　1.打(拣)块法

　　打块法(grab samples)是在矿体露头或近矿围岩中随机(实际工作中却常常是主观)地凿(拣)取一块或数块矿(岩)石作为一个样品的采样方法。这种方法的优点是操作简便、采样成本低。在矿产勘查的初期阶段,利用这种方法查明矿化的存在与否,所采集的往往是最有可能矿化的高品位样品,因而在有关打(拣)块取样结果的报告中一般采用"高达"的术语来描述,如"拣块样中发现含金高达 30g/t"。这种情况下获得的品位不是矿化体的平均品位,只能表明矿化的存在而不能说明其经济意义,并且这种方法也不能给出矿化的厚度。在矿山生产阶段,常常利用网格拣块法(即在矿石堆上按一定网格在结点上拣取重量或大小相近的矿石碎屑组成一个或几个样品)或多点拣块法(即在矿车上多个不同部位拣块组合成一个样品)采样进行质量控制。

　　2.刻槽法

　　在矿体或矿化带露头或人工揭露面上按一定规格和要求布置样槽,然后采用手凿或取样机开凿槽子,再将槽中凿取下来的矿石或岩石作为样品的采样方法称为刻槽法(channel sampling)。刻槽取样的目的是要确定矿化带或矿体的宽度和平均品位,样槽可以布置在露头上、探槽中,以及地下坑道内。样槽的布置原则是样槽的延伸方向要与矿体的厚度方向或矿产质量变化的最大方向相一致,同时,要穿过矿体的全部厚度。当矿体出现不同矿化特点的分带构造时,为了查明各带矿石的质量和变化性质,需要对各带矿石分别采样,这种采样称为分段采样(图8-3)。

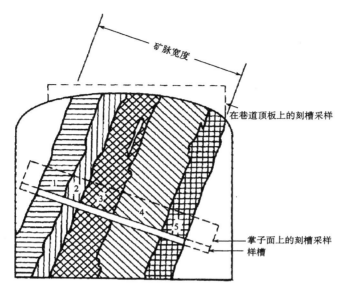

图8-3　沿脉掌子面分带矿脉上的分段刻槽取样
该图说明在5个明确的矿化带均分别取样,同时,在上、下盘围岩中也应视情况进行采样

　　样品长度又称采样长度,是指每个样品沿矿体厚度或矿化变化最大方向的实际长度。例如,对于刻槽法采样,即为每个样品所占有的样槽长度,而对于钻探采样来说,则是每个样品所占有的实际进尺。在矿体上样槽贯通矿体厚度,当矿体厚度大时,样槽延续可以相当长。样品长度取决于矿体厚度大小,矿石类型变化情况和矿化均匀程度,最小可采厚度和夹石剔除厚度等因素。当矿体厚度不大,或矿石类型变化复杂,或矿化分布不均匀时,当需要根据化验结果圈定矿体与围岩的界线时,样品长度不宜过大,一般以不大于最小可采厚度或夹石剔除厚度为适宜。当工业利用上对有害杂质的允许含量要求极严时,虽然夹石较薄,也必须分别取样,这时长度就以夹石厚度为准。当矿体界线清楚,矿体厚度较大,矿石类型简单,矿化均匀时,则样品长度可以相应延长。

　　样槽断面的形状主要为长方形,样槽断面的规格是指样槽横断面的宽度和深度,一般表亦方法为宽度×深度,如10cm×3cm。

　　影响样槽断面大小的因素有:

　　(1)矿化均匀程度。矿化越均匀,样槽断面越大;反之,越小。

　　(2)矿体厚度。矿体厚度大时,断面可小些,因为小断面也可保证样品具有足够重量。

　　(3)当有用矿物颗粒过大,矿物脆性较大,矿石过于疏松时,需适当加大样槽断面。

这几个因素要全面考虑,综合分析,不能根据一个因素而决定断面大小。一般认为起主要作用的因素是矿化均匀程度和矿体厚度。

样品长度和样槽断面规格可利用类比法或试验法确定。

刻槽法主要用于化学取样,适用于各种类型的固体矿产,在矿产勘查各个阶段获得广泛应用。

3. 岩(矿)心采样

岩(矿)心采样(drill core sampling)是将钻探提取的岩(矿)心沿长轴方向用岩心劈开器或金刚石切割机切分为两半或四份,然后取其中 1/2 或 1/4 作为样品,所余部分归档存放在岩心库。

岩(矿)心采样的质量主要取决于岩(矿)心采取率的高低。如果岩(矿)心采取率不能满足采样要求时,必须在进行岩(矿)心采样的同时,收集同一孔段的岩(矿)粉作为样品,以便用两者的分析结果来确定该部位的矿石品位。

4. 岩(矿)屑采样

岩(矿)屑采样(drill cuttings)是使用反循环钻进或冲击钻进方式收集岩(矿)屑作为样品的采样方法,主要用于确定矿石的品位以及大致进行岩性分层。

5. 剥层法采样

剥层法采样(sampling by stripping)是在矿体出露部位沿矿体走向按一定深度和长度剥落薄层矿石作为样品的采样方法,适用于采用其他采样方法不能获得足够样品重量的厚度较薄(小于 20cm)的矿体或有用组分分布极不均匀的矿床,剥层深度为 5~15cm。该方法还可验证除全巷法外的采样方法的样品质量。

6. 全巷法

地下坑道内取大样的方法称为全巷法(bulk sampling),是在坑道掘进的一定进尺范围内采取全部或部分矿石作为样品的一种取样方法。全巷法样品的规格与坑道的高和宽一致,样长通常为 2m,样品重量可达数吨到数十吨。

全巷法样品的布置:在沿脉中按一定间距布置采样;在穿脉坑道中,当矿体厚度不大时,掘进所得矿石作为一个样品;当厚度很大时,则连续分段采样。

全巷法样品采取方法:是把掘进过程中爆破下来的全部矿石作为一个样品;或在掌子面旁结合装岩进行缩减,采取部分矿石,如每隔一筐取用一筐,或每隔五筐取用一筐,然后把取得的矿石样合并为一个样品,或在坑口每隔一车或五车取一车,再合并为一个样品。取全部或取部分以及如何取这部分,这些问题应根据取样任务及其所需样品的重量来决定。取样要求坑道必须在矿体中掘进,以免围岩落入样品而使矿石品位贫化。

全巷法取样主要用于技术取样和技术加工取样,如用来测定矿石的块度和松散系数;用于矿物颗粒粗大,矿化极不均匀的矿床的采样(对这种矿床剥层法往往不能提供可靠的评价资料),如确定伟晶岩中的钾长石,云母矿床中的白云母或金云母,含绿柱石伟晶岩中的绿柱石,金刚石矿床中的金刚石,石英脉中的金、宝石、光学原料、压电石英等的含量。另外还用于检查其他取样方法。

全巷法采样在坑道掘进同时进行,不影响掘进工作,样品重量大,精确度高等是其优点,缺点是采样方法复杂,样品重量巨大,加工和搬运工作量大,成本高,所以只有当需要采集技术加工和选冶试验样品以及其他方法不能保证取样质量时才采用此方法。

采集大样除利用地下坑道外,还可利用大直径岩心、浅井等勘查工程进行采集。

7. 用 X 射线荧光分析仪现场测量代替某些取样工作

X 射线荧光分析仪是应用物理方法测定矿石中元素(原子序数大于 20 的元素)含量的仪器。采用这种方法可以取代部分矿石样品的化学分析,其操作方式是利用便携式 X 射线荧光分析仪在现场直接测量荧光分析仪在现场直接测量矿石中有用元素特征的 X 射线强度值,然后计算出矿样中元素的品位值。

8.2.3　采样方法的选择

在矿产勘查中往往需要多种采样方法配合使用,而这些方法的选择首先需要根据勘查项目的目的以及所采用的勘查技术手段来确定。例如,钻探工程项目只能采用岩心采样和岩屑采样;槽探采用刻槽取样;坑探工程可采用刻槽法、打(拣)块法、全巷法等。其次,还要考虑矿床地质特征和技术经济因素。例如,矿化均匀的矿体可采用打(拣)块法或刻槽法,而矿化不均匀的矿体则可能需要采用剥层法或全巷法进行验证;打(拣)块法和刻槽法的设备简单、操作简便且成本低,而剥层法和全巷法的成本高、效率低。因此,选择采样方法的原则,是在满足勘查目的的前提下尽量选择操作简便、成本低、效率高,而且样品代表性好的方法。

8.2.4　采样间距的确定

沿矿体或矿化带走向两相邻采样线之间的距离,称为采样间距。采样间距越密,样品数量越多,代表性越强,但采样、样品加工,以及样品分析的工作量显著增大,成本相应增高。另一方面,采样间距过稀,样品数量不足,难以控制矿化分布的均匀程度和矿体厚度的变化程度,达不到勘查目的。

矿化分布较均匀、厚度变化较小的矿体,可采用较稀的采样间距。反之,则需要采用较密的采样间距才能够控制。一般情况下,采样间距与勘查工程网度直接相关,确定合理勘查网度的方法也可用于确定合理采样间距,基本方法仍然是类比法、试验法、统计学方法等。

8.3　矿产勘查取样的种类

按取样研究内容和试样检测要求的不同,矿产勘查取样可分为化学取样、岩矿鉴定取样、加工技术取样,以及技术取样。

8.3.1　化学取样

为测定物质的化学成分及其含量而进行的取样工作称为化学取样。在矿产勘查中,化学取样的对象主要是与矿产有关的各种岩石、矿体及其围岩、矿山生产出的原矿、精矿、尾矿以及矿渣等。通过对样品的化学分析,为寻找矿床、确定矿石中的有用和有害组分及其含量、圈定矿体和估算资源量/储量,以及为解决有关地质、矿山开采、矿石加工、矿产综合利用和环境评价治理等方面的问题提供依据。

1. 化学采样方法

化学样的采样主要利用探矿工程进行。在坑探工程中通常采用刻槽法,有时可结合打(拣)块法,并利用剥层法或全巷法对刻槽法的适用性进行验证;在钻探工程中则采用岩心采样方法,辅以岩屑采样。

2. 样品加工

为了满足化学分析或其他试验对样品最终重量、颗粒大小,以及均一性的要求,必须对各种方法所取得的原始样品进行破碎、过筛、混匀,以及缩减等程序,这一过程称为样品加工。

例如,送交化学分析的样品重量大约为100g,最终用作化学分析的样品重量只有几克,其中颗粒的最大直径不得超过零点几毫米。但原始样品不仅重量大,而且颗粒粗细不一,各种矿物分布又不均匀。所以,为了满足化学分析的要求,必须事先对样品进行加工处理。

Gy(1982,1991)深入研究了化学样品加工过程中误差的来源,建立了颗粒取样理论(particulate sampling theory)。该理论基于样品物质的变化性与样品物质粒度、有用组分的分布,以及样品重量之间的关系。颗粒物质的变化性与样品所含的颗粒数有关。化学分析样品的重量不变,颗粒粒径越小,变化性越低。

样品最小可靠重量是指在一定条件下,为了保证样品的代表性,即能正确反映采样对象实际情况,所要求的样品最小重量。在样品加工过程中,它是制定样品加工流程的依据,使加工、缩分之后的样品与加工之前的原始样品在化学成分上保持一致,以保证取样工作的质量和地质成果的准确可靠。此外,为了使原始样品具有足够的代表性,也必须根据样品最小可靠重量的要求,选择能获得必要重量样品的采样方法。矿化越不均匀、样品颗粒越粗,需要的样品可靠重量就越大。样品加工的最简单原理是:样品全部颗粒必须碎至的粒度大小要求达到失去其中任何一个颗粒都不会影响化学分析的程度。实际工作中,可根据样品加工的经验公式确定样品最小可靠重量。这类经验公式有多种,其中切乔特公式是应用最广的一种样品加工公式,其表达式为

$$Q = kd^2 \tag{8.13}$$

式中,Q 为样品最小可靠重量(缩分后试样的重量)(kg);k 为样品加工系数,决定于矿石性质和矿化均匀程度,其值为 0.05~1.0,可采用类比法或试验法确定;d 为样品最大颗粒直径(mm),以粉碎后样品能全部通过的孔径最小的筛号孔径为准。该公式表明,样品的可靠重量与其中最大颗粒直径的平方成正比;矿化越不均匀,样品颗粒越粗,要求的可靠重量就越大。表 8-2 说明样品重量与最大允许颗粒粒度的经验关系。

表 8-2　矿石样品缩减重量与样品中最大允许颗粒粒度之间的经验关系

最大颗粒直径		品位很低或分布很均匀的矿石/kg	中等品位矿石/kg	富矿或矿化不均匀矿石/kg
mm	目			
102		2177.24	16127.9	
51		544.3	4023	23224
25.5		136	1008	5806
12.75	6	34	252.2	1451.5
6.35	10	8.6	63	363
3.4	20	2.3	17.28	100
1.7	35	0.59	4.31	24.9
0.85	65	0.15	1.08	6.24
0.43	150	0.037	0.268	1.56
0.22		0.091	0.068	0.39
0.1		0.0023	0.017	0.095

资料来源:Gertsch et al.,1998

在样品加工过程中,通常利用“目”来表示能够通过筛网的颗粒粒径,目是指每平方英寸筛网上的孔眼数目。例如,200 目就是指每平方英寸上的孔眼是 200 个,目数越高,表示孔眼越多,通过的粒径越小。目数与筛孔孔径关系可表示为:目数×孔径(μm)= 15000(μm)。例如,400 目筛网的孔径为 38μm 左右。目数前加正负号表示能否漏过该目数的网孔:负数表示能漏过该目数的网孔,即颗粒粒径小于网孔尺寸;而正数表示不能漏过该目数的网孔,即颗粒粒径大于网孔尺寸。

样品加工程序一般可分为四个阶段：①粗碎，将样品碎至 25～20mm；②中碎，将样品碎至 10～5mm；③细碎，将样品碎至 2～1mm；④粉碎，样品研磨至 0.1mm 以下。上述每一个阶段又包括四道工序，即破碎、筛分、拌匀以及缩分。

缩分采用四分法即将样品混匀后堆成锥状，然后略为压平，通过中心分成四等份，弃去任意对角的两份。由于样品中不同粒度、不同比重的颗粒大体上分布均匀，留下样品的量是原样的一半，仍然代表原样的成分。

缩分的次数不是任意的。每次缩分时，试样的粒度与保留的试样之间，都应符合切乔特公式，否则就应进一步破碎，才能缩分。如此反复经过多次破碎缩分，直到样品的重量减至供分析用的数量为止。然后放入玛瑙研钵中磨到规定的细度。根据试样的分解难易，一般要求试样通过 100～200 号筛，这在生产单位均有具体规定。

3. 化学样品的分析与检查

样品经过加工以后，地质人员填写送样单，提出化验分析的种类和分析项目等要求，送化验室作分析。化学样品分析的种类很多，根据研究目的要求不同主要有以下五种。

（1）基本分析

基本分析又称作普通分析、简项分析或主元素分析，是为了查明矿石中主要有用组分的含量及其变化情况而进行的样品化学分析。它是矿产勘查工作中数量最多的一种样品化学分析工作，其结果是了解矿石质量、划分矿石类型、圈定矿体，以及估算资源量/储量的重要资料依据。分析项目则因矿种及矿石类型而定。例如，铜矿石就分析铜，金矿石分析金，铁矿分析全铁（TFe）和可熔铁（SFe），当已知全铁与可熔铁的变化规律，就可只分析全铁。当经过一定数量的基本分析，证实某种有用组分含量普遍低于工作指标规定时，可不再列入基本分析项目。

（2）多元素分析

一个样品分析多种元素项目叫多元素分析。它是根据对矿石的肉眼观察或光谱半定量全分析或矿床类型与地球化学的理论知识，在矿体的不同部位采取代表性的样品，有目的地分析若干个元素项目，以检查矿石中可能存在的伴生有益组分和有害元素的种类和含量，为组合分析提供项目。查定结果若某些组分达到副产品的含量要求、某些元素超出了有害组分（或元素）允许的含量要求时，则进一步作组合分析。多元素分析一般在矿产普查评价阶段就要进行。分析项目根据矿床矿石类型、元素共生组合规律、岩矿鉴定和光谱分析结果确定。例如，黑钨石英脉型钨矿床中，共生矿物常有：绿柱石、辉铋矿、辉钼矿、锡石、毒砂、闪锌矿、黄铜矿、钨酸钙矿与钨锰铁矿共生。多元素分析除分析 WO_3 外，还分析铍、铋、钼、锡、砷、锌、铜、钙等元素。多元素分析样品数目视矿石类型、矿物成分复杂程度而定，一般一个矿区作 10～20 个即可。

（3）组合分析

组合分析是为了了解矿体内具有综合回收利用价值的有用组分，或影响矿产选冶性能的有害组分（包括造渣组分）含量和分布规律而进行的样品化学分析。其分析项目可根据矿石的光谱全分析结果确定。

组合分析样品不需单独采取，由基本样品的副样组合而成。所谓副样，是指经加工后的样品，一半送实验室作分析或试验后，剩余的另一半样品。副样与主样具有同样的代表性，需妥善保存，用作日后检查分析结果和其他研究的备用样品。

基本样品可被组合的条件是其主要元素应达工业品位，应属同一矿体、同一块段、同一矿石类型和品级。组合的数量一般是 8 ~ 12 个合成一个样品，也可 20 ~ 30 个或更多合成一个，视矿体的物质成分变化稳定情况及是否已对组分变化规律掌握而定。具体的组合方法是根据被组合的基本样品的取样长度、样品原始重量或样品体积按比例组合。

组合样品的化验项目一般根据多元素分析结果确定。在基本分析中已作了的项目，不再列入组合分析。只有需要了解伴生组分与主要组分之间的相关关系时，或需要用组合分析结果来划分矿石类型时，组合分析才包括基本分析中的某些项目。

（4）合理分析

合理分析又称物相分析，其任务是确定有用元素赋存的矿物相，以区分矿石的自然类型和技术品级，了解有用矿物的加工技术性能和矿石中可回收的元素成分。

合理分析样品的采取，通常先利用显微镜或肉眼鉴定初步划分矿石自然类型和技术品级的分界线，然后在此界线两侧采取样品。例如，硫化物矿床，在矿物鉴定的基础上，从不同矿石的分带线附近采集一定数量的样品，通过物相分析确定硫化矿物与氧化矿物的比例，据此划分氧化矿石带、混合矿石带，以及硫化矿石带（表8-3），从而为分别估算不同矿石类型的资源量/储量以及分别开采、选矿及冶炼提供依据。

表 8-3 一般有色金属矿石自然类型的划分标准矿石自然类型

矿石自然类型	硫化物中金属含量	×100%	氧化物中金属含量	×100%
	总金属含量		总金属含量	
氧化矿	70 ~ 0		30 ~ 100	
混合矿	90 ~ 70		10 ~ 30	
硫化矿	>90		<10	

合理分析样品数目一般为 5 ~ 20 个，可以不专门采样，利用基本分析样品的副样或组合分析的副样组成。需要指出的是，当利用基本分析副样作为试样时，必须及时进行分析，防止试样氧化而影响分析结果。

（5）全分析

全分析是分析样品中全部元素及组分的含量,可分为光谱全分析和化学全分析。

1）光谱全分析:目的是了解矿石和围岩内部有些什么元素,特别是有哪些有益、有害元素和它们的大致含量,以便确定化学全分析、多元素分析和微量元素分析的项目。故在预查阶段即需采样进行。光谱全分析样品可采自同一矿体的不同空间部位和不同矿石类型,也可利用代表性地段的基本分析副样按矿石类型组成。一般每种矿石类型都应有几个样品。

2）化学全分析:目的是全面了解各种矿石类型中各种元素及组分的含量,以便进行矿床物质成分的研究。化学全分析样品可以单独采样,也可以利用组合分析的副样,大致上每种矿石类型应有 1~2 个样品。某些以物理性能确定工业价值的矿种如石棉等,只需用个别化学全分析样以了解其化学成分,判定矿物的种类即可。

4. 矿石品位分析数据的质量控制

样品进行化学分析的结果,有时和实际相差很大,这是因为在采样、加工和化验等各个工作过程中都可能产生误差。这种误差可以分为两类,即偶然误差（随机误差）和系统误差。偶然误差符号有正有负,在样品数量较大情况下,可以接近于相互抵消,系统误差则始终是同一个符号,对取样最终结果的正确性影响颇大,因此必须检查其有无,并采取相应的措施进行纠正,保证取样工作的质量。

8.3.2　国内外关于矿石品位数据质量控制的常见做法

1. 国内地勘单位

国内地勘单位对化学分析数据的检查和处理一般采取下列措施。

（1）内部检查

内部检查是指由本单位内部所做的化学分析检查。内部检查只能查出偶然误差。检查方法是选择某些基本样品的副样,另行编号,也作为正式分析样品随同基本样品的正样一起送往化验室分析。取回化验结果后,比较同一样品的结果以检查偶然误差的有无与大小。选择样品作检查时,应考虑矿石的各种自然类型和各种技术品级都选到,还有含量接近边界品位的样品也须检查。检查样品的数量应不少于基本样品总数的 10%。内部检查每季度至少进行一次。

（2）外部检查

外部检查是由外单位进行的化学分析检查。外部检查可以查明有无系统误差和误差的大小。系统误差可以由分析方法、化学药品质量和设备等原因引起,在本单位是检查不出来的,必须送水平较高的,设备较好的化验单位检查。外部检查的样品数量一般为基本分析样品总数的 3%~5%,对于小型矿床其外部检查样品不少于 30 个。由队上或公司分期分批指定外部检查号码。当外部检查结果证实基本分析结果有系统误差时,双方协商各自认真检查原因,寻求解决办法。

(3)仲裁分析

当外部检查结果证实基本分析结果有系统误差存在,检查与被检查双方无法协商解决,这时,就要报主管部门批准,另找更高水平的单位进行再次检查分析,这种分析就叫仲裁分析。如果仲裁分析证实基本分析结果是错误的,则应详细研究错误的原因,设法补救,如无法补救,则基本分析应全部返工。

(4)误差性质的判别

将检查分析结果与基本分析结果进行比较,若有 70% 以上的试样的绝对误差偏高或偏低,即认为存在系统误差,否则为偶然误差。通过此法判别有系统误差后,还应进一步采用统计学方法确定有无系统误差以及其值的大小,同时决定能否采用修正系数进行改正等处理方法。有关误差的具体分析处理请读者参见国家地质矿产行业标准《地质矿产实验室测试质量管理规范 2——岩石矿物鉴定质量要求和检查办法》(DZ/T0130.2—1994)以及《地质矿产实验室测试质量管理规范 3——岩矿分析质量要求和检查办法》(DZ/T0130.3—1994)中的规定。

2. 西方国家矿业公司

矿石品位分析数据的质量控制在西方国家矿业界一般称为质量保证和质量控制(QA/QC),包括样品分析准确性和精确性的定量的和系统的控制、取样误差的实时控制以及误差来源的证实。

(1)分析数据准确性的监测措施:在批量样品中插入标准样品(事先已知品位的样品称为标准样品,简称标样),一般每隔 30~50 个样品中插入一个标样。标样可以从有资质的实验室中购买,这些标样是采用适当的方法经过严密的分析测试制成,其结果经统计学检验是合格的。最好的标样是由矿物成分与矿化岩石相似的样品制成,这种标样称为基质匹配标样(matrix matched standards)。

采用模式识别的方法检验标样观测值的行为。将标样的分析值按分析顺序投在图上(图 8-4),如果观测值在经过认证的平均值周围随机分布而且大约 95% 的观测值位于该平均值上下 2 个标准差的范围内(平均值上、下观测值个数基本相同),如图 8-4(a)所示,则说明该批次的分析结果质量较好。如果标样的观测结果不同于图 8-4(a)的分布,则说明存在分析误差。例如,特高品位的存在[图 8-4(b)]极有可能是记录错误,这种情况虽然不意味着存在数据偏差,但仍然说明数据管理系统存在问题,表明有可能该数据库存在随机误差;标样观测值持续偏移[图 8-4(c)]说明可能是由于实验室设备校准问题或分析方法的改变产生的分析偏差;当标准样品的品位离散程度迅速降低时出现不太常见的分布模式[图 8-4(d)],标样变化性迅速降低的这样一种现象通常可以解释为数据受到干扰,表明测试人员已经认识混在批量样品中的标样,从而对这些标样的测试比其他样品更加精细,这样的标样分析数据不能用作证实所分析样品不存在偏差。

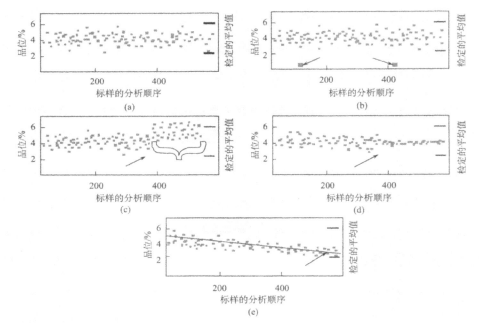

图 8-4　质量控制模式识别方法示意图

(a)准确的数据(标准样品观测值呈现统计学有效的分布);(b)特高品位的存在,
说明数据记录的错误;(c)有偏的分析值;(d)数据变化性迅速降低,表明可能的数
据干扰;(e)标样分析值的偏移

在品位与分析顺序关系图上准确性分析的特点还在于缺少数据趋势,趋势可以通过标样分析值系统增高或降低进行识别[图8-4(e)];另一条用于证实可能存在趋势的准则是先后顺序的两个观测值都位于2个标准差范围之外或先后顺序的四个观测值位于1个标准差范围之外的分布。

标样观测值的系统偏移趋势[图8-4(e)]通常表明测试仪器可能的系统偏移。另一种可能性是由于保存不当导致标准样品观测值低于其相应的认证值。

(2)检验样品是否受到污染:通过插入空白样品控制可能的污染。空白样品是不含被测元素的样品(样品中被测元素的含量低于送检实验室的检测限),一般是利用无矿石英制备空白样品。空白样品常常插入在高品位矿化样品之后,一般每隔30~50个样品中插入一个空白样品,主要目的是监控实验室是否存在由于样品设备未足够清洁干净而导致可能的污染问题。空白样品的观测值也可以呈现在品位与观测顺序关系图上(图8-5),如果设备测试后没有清洁,空白样品将会受到污染,在图上表现为检测元素的观测值显著增大。图8-5的例子说明在这一批次的样品分析过程中分析质量有所降低,因为大致在序列号为150的空白样品之后出现系统的污染。

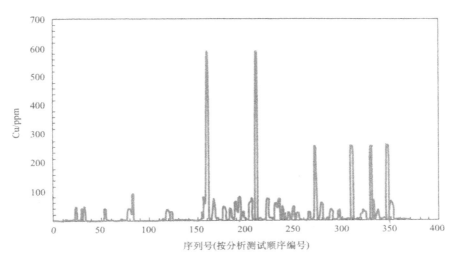

图 8-5　澳大利亚某 Ni-Cu 分析项目空白样品铜品位与其分析顺序的关系图

（3）确定品位数据的精确性：利用样品的副样监测品位数据的精度误差，一般每隔 30～50 个样品中插入一个副样。最常用的评价数据对的方法是将原样及其副样的分析数据投在散点图上，根据数据对偏离 $y=x$ 直线的距离评价其离散程度。原样及其副样的观测值的差异是由于样品制备以及化学分析误差引起的。精度误差数学上可以根据数据对之间的差值推导出来。

8.3.3　技术取样

技术取样又称物理取样，是指为了研究矿产和岩石的技术物理性质而进行的取样工作。其具体任务是：①对一部分借助于化学取样不能或不足以确定矿石质量的矿产，主要是测定与矿产用途有关的物理和技术性质。例如，测定石棉矿产的含棉率、纤维长度、抗张强度和耐热性等；测定建筑石材的孔隙度、吸水率、抗压强度、抗冻性、耐磨性等；②对一般矿产，主要是测定矿石和围岩的物理机械性质，如矿石的体重和湿度、松散系数、坚固性、抗压强度、裂隙性等，从而为资源储量估计以及矿山设计提供必要的参数和资料。为此项任务而进行的技术取样又称为矿床开采技术取样。

矿石技术样品包括矿石体重、矿石相对密度、矿石孔隙度、矿石块度、岩（矿）石物理力学性质等方面的测试样品，其采样和测试方法体现在以下几个方面。

1. 矿石体重的测定

矿石体重又称矿石容重，是指自然状态下单位体积矿石的重量，以矿石重量与其体积之比表示。矿石体重是估算资源量/储量的重要参数之一，其测定方法一般分为小体重和大体重两种。

（1）小体重法：利用打（拣）块法采集小块矿石（5~10cm 见方），采回后立即称其重量，然后根据阿基米德原理，采取封蜡排水的方法确定样品的体积，即可求出样品体重。由于所采集的样品（标本）不能包括矿石中较大的裂隙，因而可视为矿石的密度。这种方法一般需要测定 30~50 个样品。

可以采用塑封排水法代替蜡封排水法，即把你重后的矿石样品置于重量和体积都忽略不计的小塑料袋内，排除袋内容气后扎紧袋口，放入盛水的量标中，利用阿基米德原理，测定出矿石样品的体积，即可求出该样品体重。

西方国家矿产勘查公司测定矿石小体重的具体作法一般是从钻孔岩心中采集小体重样品，将样品盛放在吊篮中（吊篮安装在天平上，天平一般精确到 0.1g）并浸没在盛水的容器内，记录水中样品的质量，然后将样品擦干后再称其质量（空气中样品质量）。根据阿基米德原理，利用下述公式计算样品体重：

$$样品体重 = \frac{空气中样品质量}{空气中样品质量 - 水中样品质量} \tag{8.14}$$

这种做法的最大好处是可以了解矿石品位与体重的关系。如果体重与品位高度相关，则在计算矿段平均品位时应考虑体重的权重。

（2）大体重法：在具有代表性的部位以凿岩爆破的方法（或全巷法）采集样品，在现场测定爆破后的空间体积（所需体积应大于 0.125m³）和矿石的重量确定矿石体重的方法，这种方法确定的体重基本上代表矿石自然状态下的体重。一般需测定 1~2 个大样品，如果裂隙发育，则应多测定几个样品。

需要强调的是应按矿石类型或品级采集矿石体重样品。一般来说，致密块状矿石可以采集小体重样，每种矿石类型不得小于 30 个样品，求其加权平均值；裂隙发育的块状矿石除了按同样要求采集小体重样品外，还需要采集 2~3 个大体重样品对小体重值进行检查，如果两者差异较大，则以大体重的值修正小体重值。松散矿石则应采集大体重样，且不得少于 3 个样品。对于湿度较大的矿石，应采样测定湿度；如果矿石湿度大于 3%，其体重值应进行湿度校正。

2. 矿石相对密度的测定

物质的重量和 4℃ 时同体积纯水的重量的比值，叫作该物质的比重，又称为相对密度。矿石相对密度是指碾磨后的矿石粉末重量与同体积水重量的比值，通常采用相对密度瓶法测定。用于测定相对密度的样品可以从测定体重的样品中选出。相对密度值用于估算矿石的孔隙度。

3. 矿石孔隙度的测定

矿石孔隙度是指矿石中孔隙的体积与矿石本身体积的比值，用百分数表示。具体确定方法是分别测定矿石的干体重和相对密度，然后根据下式计算：

$$矿石孔隙度 = (1 - \frac{矿石干体重}{矿石相对密度}) \times 100\% \tag{8.15}$$

4. 矿石块度的测定

矿石块度是指岩石、矿石经爆破后碎块形成的大小程度。块度一般以碎块的三向长度的平均值(mm)或碎块的最大长度(mm)表示。矿堆块度指矿石的平均块度,一般用矿堆中不同块度的加权平均值表示。块度样品采用全巷法获取,一般在测定矿石松散系数的同时,分别测定不同块度等级矿石的比例,可与加工技术样品同时采集。

在矿山设计阶段,矿石块度是选择破碎机、粉碎机等选矿设备和确定工艺流程的一个重要参数。

5. 岩(矿)石物理力学性质试验

是为测定岩(矿)石物理力学性质而进行的试验。例如,为设计生产部门计算坑道支护材料提供岩(矿)石抗压强度的数据、为矿山制订凿岩掘进劳动定额以及编制采掘计划提供有关岩(矿)石的硬度及可钻性的数据等。样品采集多用打块法。

8.3.3 矿产加工技术取样

矿产加工技术取样又称工艺取样,是指为了研究矿产的可选性能和可冶性能而进行的取样工作,其任务是为矿山设计部门提出合理的工艺流程及技术经济指标,一般在可行性研究阶段进行。加工技术样品试验按其目的和要求不同可分为如下几种类型。

(1)实验室试验:是指在实验室条件下采用一定的试验设备对矿石的可选性能进行试验,了解有用组分的回收率、精矿品位、尾矿品位等指标,为确定选矿方案和工艺流程提供资料。实验室试验一般在概略研究或预可行性研究阶段进行。

(2)半工业性试验:也称为中间试验,是为确定合理的选矿流程和技术经济指标以便为建设加工技术复杂的大中型选矿厂提供依据。该项试验近似于生产过程,一般是在可行性研究阶段进行。

(3)工业性试验:是在生产条件下进行的试验,目的是为大、中型选矿厂提供建设依据或为新工艺、新设备提供设计依据。

加工技术样品的采集方法取决于矿石物质成分的复杂程度、矿化均匀程度以及试样的重量。实验室试验所需试样重量一般为 100~200kg,最重可达1000~1500kg,可采用刻槽法或岩心钻探采样法获取;半工业试验一般需 5~10t,工业性试验需几十吨至几百吨,通常采用剥层法或全巷法。

8.3.4 岩矿鉴定取样

采集岩石或矿石(包括自然重砂和人工重砂)的标本(样品),通过矿物学、岩石学、矿相学的方法,研究其矿物成分、含量、粒度、结构构造及次生变化等,为确定岩石或矿石的矿物种类、分析地质构造、推断矿床生成地质条件、了解矿石加工技术性能以及划分矿石类型等方面提供资料依据。部分矿产还需借助于岩矿鉴定取样方法测定与矿石质量和加工利用有关的矿物或矿石的加工技术性能,如矿物的晶形、硬度、磁性以及导电性等。

研究目的不同,岩矿鉴定采样的方法也有所不同:

(1)以确定岩石或矿石矿物成分、结构构造等目的的岩矿鉴定,一般利用打(拣)块法采集样品,采样时应注意样品的代表性,而且尽可能采集新鲜样品。

(2)以确定重砂矿物种类、含量为目的的重砂样品,分为人工重砂或自然重砂样。人工重砂样一般采用刻槽法、网格打(拣)块法、全巷法,或利用冲击钻探法获取;自然重砂样是在河流的重砂富集地段采集。

(3)以测定矿物同位素组成、微量元素成分为目的的单矿物样品,常用打(拣)块法获取。

除上述各种取样外,为了解矿床有用元素赋存状态,有时需要进行专门取样分析鉴定研究,特别是在发现新的矿床类型或矿化类型时,这种取样分析具有重要意义。

8.4　样品分析、鉴定、测试结果的资料整理

8.4.1　样品的采集和送样

样品采集后,要仔细检查和整理采样原始资料。具体工作包括:①在送样前要确认采样目的已达到设计和有关规定的要求;②所采样品应具有代表性、能反映客观实际;③采样原则、方法和规格符合要求;④各项编录资料齐全准确;⑤确定合理的分析、测试项目;⑥样品的包装和运送方式符合要求。

采集标本应在原始资料上注明采集人、采集位置和编号。标本采集后,应立即填写标签和进行登记,并在标本上编号以防混乱。对于特殊岩矿标本或易磨损标本应妥善保存,对于易脱水、易潮解、易氧化的标本应密封包装。需外送试验、鉴定的标本,应按有关规定及时送出。一般的岩矿、化石鉴定最好能在现场进行。阶段地质工作结束后,选留有代表性和有意义的标本保存,其余的可精简处理。标本是实物资料,队部(公司)和矿区都应有符合规格要求的标本盒、标本架(柜)和标本陈列室。

样品要使用油漆统一编号。样品、标签、送样单三者编号应当一致,字迹要清楚。送样单上要认真填写采样地点、年代、层位、产状、野外定名和岩性描述等内容,并注明分析鉴定要求。

对需要重点研究或系统鉴定的岩矿鉴定样品,必须附有相应的采样图。委托鉴定的疑难样品,应附原始鉴定报告和其他相应资料。

8.4.2　样品分析、鉴定、测试结果的资料整理

收到各种分析、鉴定或其他测试结果后,先作综合核对,注意成果是否齐全,编号有无错乱,分析、鉴定、测试结果是否符合实际情况。如果发现有缺项,则应要求测试单位尽快补齐;若出现错乱或与实际情况不符,应及时补救或纠正,有时需要重采或补采样品,再作分析或鉴定。在确认资料无误后,才登入相关图表,交付使用。

对分析、鉴定的成果资料要按类别、项目进行整理。一般先进行单项的分析研究,找出其具体的特征,再进行项目的综合分析、相互关系的研究、编制相应的图件和表格。同时校正岩石和矿物的野外定名,进一步研究地层、岩石、矿化带的划分和矿体的圈定及分带,以及确定找矿标志等,必要时,对已编制图件的地质和矿化界线进行修正。

内、外检分析结果应按国家地质矿产行业标准《地质矿产实验室测试质量管理规范 2——岩石矿物鉴定质量要求和检查办法》(DZ/T0130.2—1994)以及《地质矿产实验室测试质量管理规范 3——岩矿分析质量要求和检查办法》(DZ/T0130.3—1994)中的规定,及时进行计算(可能时应每季度计算一次),编制误差计算对照表,以便及时了解样品加工和分析的质量,若发现偶然误差超限或存在系统误差时,应立即向相关分析或测试部门反映,同时采取必要的补救措施。

由于样品的化验、鉴定成果对于综合整理研究工作十分重要,在项目多、工种复杂、样品数量较大的分队(或工区),可设专人负责管理这项工作。

8.4.3　矿石质量研究

根据不同矿床的矿石特点,合理选择各种测试项目,并随着工作的深入,作必要的修改和调整。同时,根据勘查任务和设计要求,及时研究矿石物质成分,对于有些矿种还应着重研究矿物组成与化学成分之间的相关关系以及某些物理性能,并利用分析测试结果,编制 1~3 条有用组分变化规律的剖面图和必要的综合图表或变化曲线图,以及开展诸如相关分析、品位变化系数以及其他数理统计方面的数据处理方法,达到了解矿石中有益、有害组分在不同部位、不同深度的赋存状态及其变化规律,以及其他一些特征或指标的分布和变化特征。

根据矿石物质组分的分析资料,结合矿石加工技术特性,划分矿石的自然类型、工业类型和品级,查明它们的分布规律和所占比例。这些资料是进一步采集加工技术试验样品和分类型或品级、估算资源量/储量的依据。划分结果还应在相应的勘查线剖面图、矿体纵投影图或其他图件上展示出来。

加工技术取样一般是在勘探阶段进行,但是,对于复杂类型或新类型矿石,在详查阶段即应进行研究,以便作出合理的评价。随着勘查工作的进展,矿石的加工技术研究也逐渐深入,试验规模也将加大,除主体矿石类型外,技术性能较特殊的

矿石类型也应作较详细的研究。同时,应收集矿区内开采生产过程中的选矿经济技术指标,进行综合分析对比。根据试验研究结果,应对原来矿石类型划分方案作相应的修改补充。

参考文献

[1] 崔新建.文化认同及其根源[J].北京师范大学学报(社会科学版),2004(4):102-107.

[2] 王爱英.计算机组成与结构[M].3版.北京:清华大学出版社,2001.

[3] 蓝运蓉,唐义.什么是SD法[J].地质论评,2000,45(增刊):229-336.

[4] 雷恩斯 G L.地理信息系统种勘查工具[J].地质矿产信息,1997(5):40.

[5] 李人澍.成矿系统分析理论与实践[M].北京:地质出版社,1996.

[6] 罗周全,王中民,刘晓明,等.基于地质统计学与Surpac的某铅锌矿床储量计算[J].矿业研究与开发,2010(2):4-6.

[7] 朱裕生.矿产资源评价方法学导论[M].北京:地质出版社,1984.

[8] 綦远江,蒲继荣,杨玉清.齐波夫分布律与阻尼曲线在夹皮沟金矿田成矿预测中的应用[J].地质与勘探,2015,38(1):35-39.

[9] 阳正熙.矿产勘查中的现代理论和技术[M].成都:成都科技大学出版社,1999.

[10] 索金斯·佛.金属矿床与板块构造[M].曹开春,谢振忠,译.北京:地质出版社,2013.

[11] 汤中立,白云来.华北古大陆西南边缘构造格架与成矿系统[J].地学前缘,1999,6(2):271-285.

[12] 唐义,蓝运蓉.SD储量计算法[M].北京:地质出版社,2015.

[13] 王春秀,戴惠新,李英龙,等.矿业权市场研究[J].中国矿业,2003,12(5).

[14] 王世称,侯惠群,王於天,等.内生矿床成矿系列中比例尺成矿预测方法[M].北京:地质出版社,1993.

[15] 王钟,邵孟林,肖树建.隐伏有色金属矿床综合找矿模型[M].北京:地质出版社,1996.

[16] 吴利仁.论中国基性、超基性岩成矿专属性[J].地质科学,1963(1):29-41

[17] 吴言昌,曹奋扬,常印佛.初论安徽沿江地区成矿系统的深部岩浆控制[J].地学前缘,1999,6(2):285-297.

[18] 熊鹏飞.中国若干主要类型铜矿床勘查模式[M].武汉:中国地质大学出版社,1994.